今日から
モノ知り
シリーズ

トコトンやさしい
環境発電の本

「環境」と「発電」はどちらも注目のテーマだが、本書で紹介する「環境発電」は「身の回りのさまざまな環境からの微小な未使用のエネルギーを用いた発電」のこと。この小さな発電は身近なエネルギーを活用するもので、環境にやさしく、SDGsやIoTの時代に合ったさまざまな活用方法がある。

山﨑耕造　著

B&Tブックス
日刊工業新聞社

はじめに

「環境」と「発電」は非常に重要なキーワードです。相反すると考えられている環境保全と電源開発とを調和させて、持続可能な社会を構築することが期待されています。

「環境」と「発電」とを単純に結びつけた「環境発電」という言葉は、一般には聞きなれない言葉かもしれません。「環境からのエネルギーを利用する発電」を意味しているのでしょうか？　それとも「環境にやさしい発電」システムを意味しているのでしょうか？

本書で述べる「環境発電」は、規模の大きな自然エネルギー発電と異なり、『身の回りのさまざまな環境からの微小な未利用のエネルギーを用いた発電』を意味しています。英語での「エネルギーハーベスティング（エネルギー収穫）」で、日本では「環境発電」と呼んできました。日本語の環境発電のニュアンスに近い英語としては、「アンビエントパワー（周辺電力）」があります。

身近な未利用のエネルギーを発電に使う試みは、これまでさまざまに行われてきましたが、近年、電力消費が非常に少ない回路が開発されてきて、幅広い応用が可能となってきました。エネルギー源としては、振動、熱、光、電波、生物などがあります。特に、現代のIoT（モノのインターネット）社会では、電源配線や電池の不要なデバイスが重要になってきています。

現在、2030年までに取り組むべき世界の目標として2015年の国連総会で採択された17項目のSDGs（エス・ディー・ジーズ、持続可能な開発目標）があります。特に、7番目の「エネルギーをみんなに、そしてクリーンに」の目標に対しては、電気の使えない発展途上国の貧しい人々に、環境発電技術が大いに役立つと考えられています。

本書では、環境発電のしくみやその応用事例をやさしく説明します。1～2章では、従来の自然エネルギー発電と比較しながら環境発電の概要を述べ、3～7章では、環境発電の原理と種類をまとめます。力学環境発電を3章に、熱環境発電を4章に、光環境発電を5章にまとめます。電波環境発電と生物環境発電をそれぞれ6章と7章に記載しています。8章では、環境発電システムのためのデバイスを述べ、9章ではさまざまな環境発電の事例を概観します。最後の章では、環境発電の未来について、順にやさしく述べていきます。

コラムでは、「映画の中の環境と発電」として、関連する映画を紹介します。いろいろな視点から環境発電に興味を持って頂ければと思います。

本書が、エネルギー問題や環境問題に関連して、身近な環境エネルギーと小さな発電に関連する幅広い興味を持つ契機となれば、と願っております。

最後になりましたが、本書作成に当たり、日刊工業新聞社の鈴木徹部長をはじめ、多くの関係者の方にお世話になりました。ここに深く感謝申し上げます。

2021年7月吉日

山﨑耕造

トコトンやさしい

環境発電の本

目次

第1章 環境発電とは？

1 環境発電は「環境」＋「発電」と違うの？「エネルギーハーベスティング」……10
2 従来の自然エネルギー発電との違いは？「微小な環境発電と大規模な系統発電」……12
3 環境発電のエネルギー源と用途は？「力学、熱、光、電波のエネルギー」……14
4 環境発電のさきがけは？「鉱石ラジオやソーラー電卓」……16
5 IoTでの電源と通信は？「自立電源と無線通信」……18

第2章 環境発電のしくみは？

6 環境の広がりと人間活動のエネルギーは？「地球環境から宇宙環境へ」……22
7 環境発電のエネルギー源の強さは？「屋外太陽光が最大パワー」……24
8 環境発電はなぜ必要か？「微小規模のメインテナンスフリー機器」……26
9 電気のエネルギーとパワーの違いは？「ジュールとワット」……28
10 環境発電のシステム構成は？「発電、蓄電、無線通信」……30
11 いろいろなエネルギー変換と環境発電は？「電気への身近なエネルギー変換」……32

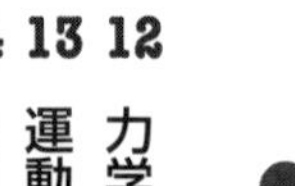
第3章 運動の環境発電とは？

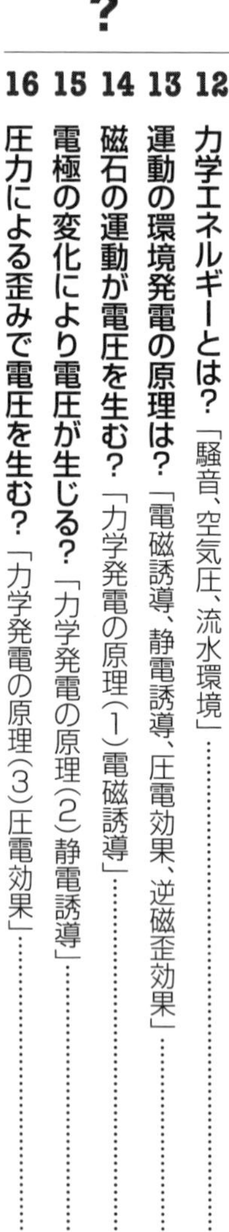
12 力学エネルギーとは？「騒音、空気圧、流水環境」……36
13 運動の環境発電の原理は？「電磁誘導、静電誘導、圧電効果、逆磁歪効果」……38
14 磁石の運動が電圧を生む？「力学発電の原理（1）電磁誘導」……40
15 電極の変化により電圧が生じる？「力学発電の原理（2）静電誘導」……42
16 圧力による歪みで電圧を生む？「力学発電の原理（3）圧電効果」……44

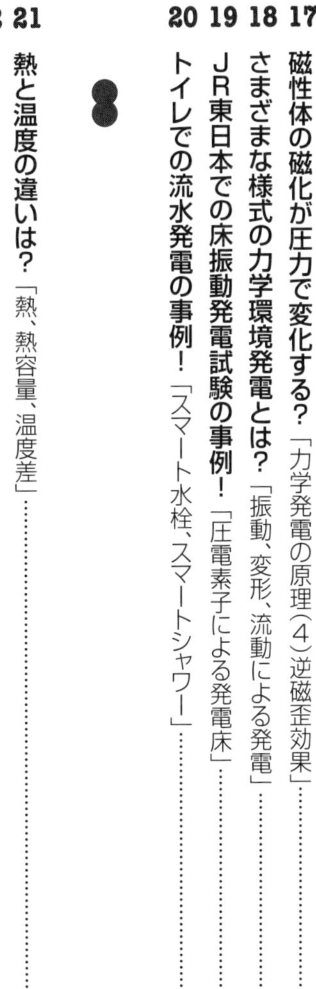

17 磁性体の磁化が圧力で変化する？「力学発電の原理（4）逆磁歪効果」……46

18 さまざまな様式の力学環境発電とは？「振動、変形、流動による発電」……48

19 ＪＲ東日本での床振動発電試験の事例！「圧電素子による発電床」……50

20 トイレでの流水発電の事例！「スマート水栓、スマートシャワー」……52

第4章 温度差の環境発電とは？

21 熱と温度の違いは？「熱、熱容量、温度差」……56

22 温度差と熱機関の発電原理は？「熱効率最大のカルノーサイクル」……58

23 環境熱発電のさまざまな方法とは？「熱電の無次元性能指数」……60

24 熱電発電とは？「ゼーベック効果とペルチェ効果」……62

25 熱磁気発電とは？「ネルンスト効果と異常ネルンスト効果」……64

26 スピンゼーベック発電とは？「スピン流から電流へ」……66

27 その他のいろいろな熱発電は？「熱光起電力、熱電子、焦電体」……68

28 熱環境発電の応用事例！「発電鍋と原子力電池」……70

第5章 光の環境発電とは？

29 光の正体とエネルギーは？「高エネルギーは高周波数」……74

30 光エネルギーの利用は「単位はカンデラ、ルーメン、ルクス」……76

31 光発電の原理は？「内部光電効果（光起電効果）」……78

32 太陽電池はいろいろ？「シリコン系、化合物系、有機系」……80

33 環境発電に適した太陽電池は？「色素増感型」……82
34 スマートグッズでの環境光発電の事例！「スマートマウス、スマートセンサ」……84

第6章 電波の環境発電とは？

35 電界と磁界で波ができる？「アンテナによる電波発生」……88
36 いろいろな電波の利用は？「放送・通信用や加熱調理用」……90
37 電波のエネルギーの発電利用は？「周波数変換による発電」……92
38 レクテナとは？「整流器つきアンテナ」……94
39 電波発電の歴史的事例！「鉱石ラジオ」……96
40 環境と医療のセンサでの電波発電事例！「スマートコンタクトレンズ」……98

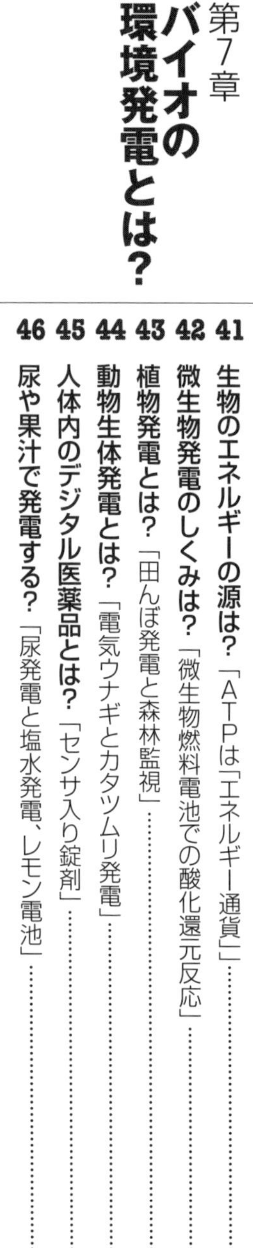

第7章 バイオの環境発電とは？

41 生物のエネルギーの源は？「ATPは「エネルギー通貨」」……102
42 微生物発電のしくみは？「微生物燃料電池での酸化還元反応」……104
43 植物発電とは？「田んぼ発電と森林監視」……106
44 動物生体発電とは？「電気ウナギとカタツムリ発電」……108
45 人体内のデジタル医薬品とは？「センサ入り錠剤」……110
46 尿や果汁で発電する？「尿発電と塩水発電、レモン電池」……112

第8章 環境発電のための蓄電と無線通信は？

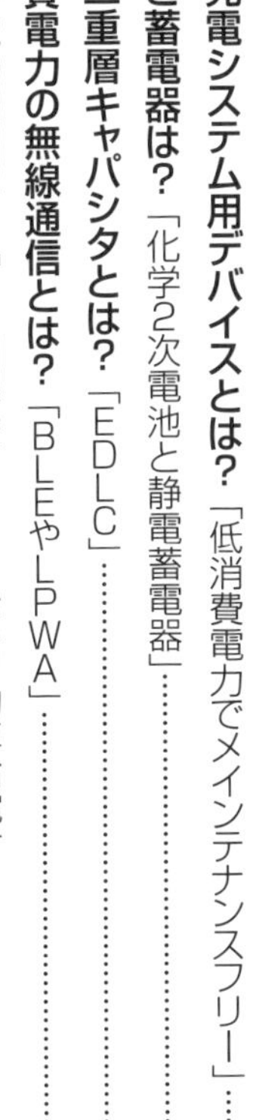

47 環境発電システム用デバイスとは？「低消費電力でメインテナンスフリー」……116
48 電池と蓄電器は？「化学2次電池と静電蓄電器」……118
49 電気二重層キャパシタとは？「EDLC」……120
50 低消費電力の無線通信とは？「BLEやLPWA」……122
51 無線給電の利用は？「IH調理器、ICカード、自動車給電」……124

第9章 さまざまな環境発電の応用は？

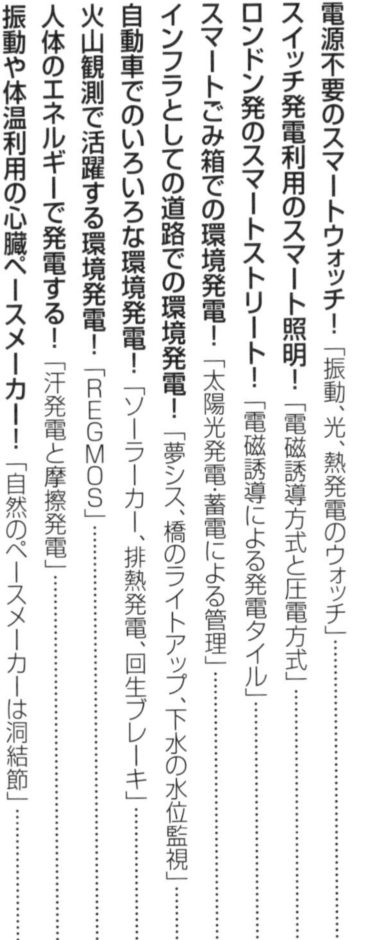

52 電源不要のスマートウォッチ！「振動、光、熱発電のウォッチ」……128
53 スイッチ発電利用のスマート照明！「電磁誘導方式と圧電方式」……130
54 ロンドン発のスマートストリート！「電磁誘導による発電タイル」……132
55 スマートごみ箱での環境発電！「太陽光発電・蓄電による管理」……134
56 インフラとしての道路での環境発電！「夢シス、橋のライトアップ、下水の水位監視」……136
57 自動車でのいろいろな環境発電！「ソーラーカー、排熱発電、回生ブレーキ」……138
58 火山観測で活躍する環境発電！「REGMOS」……140
59 人体のエネルギーで発電する！「汗発電と摩擦発電」……142
60 振動や体温利用の心臓ペースメーカー！「自然のペースメーカーは洞結節」……144

第10章 環境発電の未来は？

61 環境発電の課題は？「消費電力、信頼性、寿命、価格」……148
62 宇宙環境エネルギーの活用は？「宇宙開発と放射線利用」……150
63 社会の進展と環境発電は？「インダストリー4.0とソサエティー5.0」……152
64 IoTからIoHへ？「「人間」のインターネット」……154

【コラム】
●エネルギーをみんなに、そしてクリーンに！ 映画『不都合な真実2 放置された地球』（2017年）……20
●再生可能エネルギーへの強烈な批判！ 映画『プラネット・オブ・ヒューマンズ』（2020年）……34
●身近な風がアフリカの村を救った！ 映画『風をつかまえた少年』（2019年）……54
●砂の惑星で生き抜く？ 映画『デューン／砂の惑星』（1984年）……72
●雷で人間を蘇らせる？ 映画『フランケンシュタイン』（1931年）……86
●電波で瞬間移動？ 映画『プレステージ』（2006年）……100
●未来のインプランタブルデバイス！ 映画『マトリックス』（1999年、2003年、2021年）……114
●電気は直流と交流どちらが便利？ 映画『エジソンズ・ゲーム』（2017年）……126
●インターネットはIoTからIoHへ！ 映画『ザ・インターネット』（1995年）……146
●火星でひとり生き残る？ 映画『オデッセイ』（2015年）……156

参考図書……157
索引……159
著者略歴等……160

第1章

環境発電とは？

1 環境発電は「環境」+「発電」と違うの?

エネルギーハーベスティング

「環境発電」という言葉は、一般には聞きなれない言葉です。「環境」と「発電」とを結びつけて、「環境からのエネルギーを利用する発電」を意味しているのでしょうか? それとも、「環境にやさしい発電」システムを意味しているのでしょうか?

従来からの太陽光、風力、水力、地熱などの再生可能エネルギーによる発電は、この2つの定義に合致しています。しかし、本書で述べる「環境発電」は、大容量で低電気料金の大規模な自然エネルギー発電と異なり、『身の回りのいろいろな環境からの微小な未利用のエネルギーを用いた発電』を意味しています(**上図**)。そして、外部からの電力供給が必要ない自立電源のシステムです。英語では、「エネルギーハーベスティング(エネルギー収穫)」や「パワーハーベスティング(電力収穫)」と呼ばれています。「エネルギースキャベンジング(エネルギー掃除)」と呼ばれていた時もありました。「アンビエントパワージェネレーション」が、文字通り日本語の「環境発電」に対応します。

「エネルギーハーベスティング(環境発電)」という言葉は21世紀になって初めて使われるようになりましたが、その概念は20世紀初頭にすでに鉱石ラジオや自転車のダイナモ発電などに、電池不要で便利な製品として利用されてきていました。

私たちの環境において、生物圏は地表近辺の地圏と水圏のごく限られた領域です。特に私たちの生活環境では太陽光発電が活用されていますが、屋内か屋外かで用途やシステムも異なってきます。将来は宇宙環境も重要になってきます(**下図**)。

一般の系統電力では、発電、蓄電、送電、配電、そして省電が重要です。環境発電では自立独立電源なので、送電と配電は不要です。しかし、利用するエネルギーは微小なので、効率の良い発電や電力損失の少ない蓄電や無線のデバイスが必要となります。

要点BOX

- **エネルギーハーベスティング = 環境発電**
- **身の回りの微小な未利用エネルギーの発電で、地産地消、自給自足の発電システム**

環境発電とは？

「環境」 ＋ 「発電」 → 「環境にやさしい発電」

「環境からのエネルギーを利用する発電」

（身の回りの微小な）（自立独立電源用）

環境発電の特徴

「環境」にやさしい「発電」
未利用の微小エネルギー
地産地消のエネルギー
自給自足の電源システム

環境発電の英語

Energy harvesting（エネルギー収穫）
Power harvesting（電力収穫）
Energy scavenging（エネルギー掃除）
Ambient power（周辺電力）

環境発電：Ambient Power Generation

環境と発電

環境

- 宇宙環境
- 地球環境

発電

- 系統発電（大容量）
- 環境発電（微小電力）

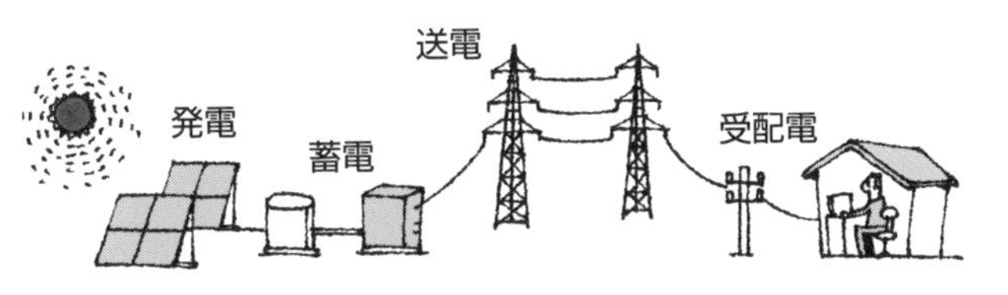

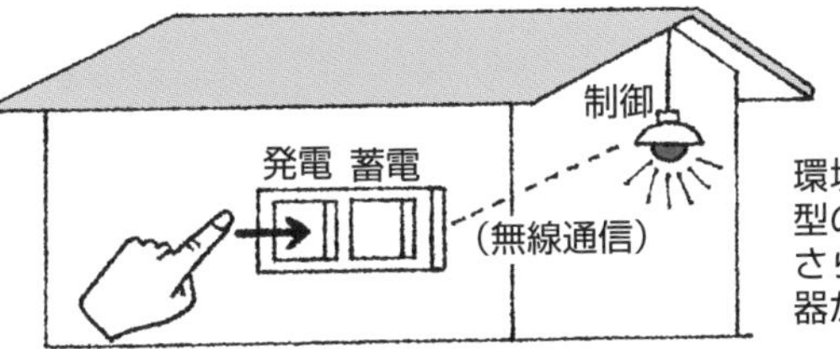

環境発電では、小型の発電と蓄電、さらに無線通信機器が必要です。

2 従来の自然エネルギー発電との違いは?

微小な環境発電と大規模な系統発電

自然エネルギーは、環境にやさしい再生可能エネルギーであり、持続可能な開発(SD、サスティナブル・デベロップメント)が進められています。

「環境」と「開発」とは一般に相反しますが、この2つを調和させようとする技術が、自然エネルギーの系統発電です。一方、身の回りの微小な未利用エネルギーを使った自給自足の発電が環境発電です。

「エネルギーハーベスト」や「アンビエントパワー」と呼ばれる環境発電と「グリーンエネルギー」と呼ばれる自然エネルギー系統発電との比較を左頁にまとめました。系統発電はキロワット(kW)からメガワット(MW)級の大規模ですが、環境発電はマイクロワット(μW)からワット(W)程度の小規模発電です。環境発電は発電容量が小さくて単位発電量当たりの電力料金はかなり高くなってしまうので、環境発電を有効に利用するためのいくつかの条件があります。

❶近くに系統電源がないこと(海上や過疎地など)、❷運動する物体で配線が困難なこと(腕時計など)、❸微小な電力でまかなえること(間欠的な利用や消費電力の少ない機器利用など)、❹コスト的に設置作業や配線作業をなくしたいとき(長距離に及ぶ高速道路の監視など)、❺危険回避のため機器の保守点検をなくしたいとき(火山観測など)、などがあります。電池を用いれば配線は不要となりますが、使用済み電池の廃棄をなくし、環境に優しくてメインテナンスフリーにする技術が、環境発電なのです。特に、近年IoT(モノのインターネット)の技術の一環として、環境発電が重要になってきています。

環境発電に似た身近な発電に非常時のスマホの手回し発電機があります。この機器は第一の目的が発電であるため、純粋な意味での環境発電ではありません。一方、自転車やランニングマシンでの回転を利用した発電は、通常使われないエネルギーによる発電なので環境発電に相当します(図の下段)。

要点BOX
- ●微小な未利用エネルギーの発電は環境発電
- ●大規模な自然エネルギーの発電は系統発電
- ●発電が主目的の人力発電は環境発電と異なる

環境発電と系統発電の違い

	エネルギーハーベスティング （環境発電）	グリーンエネルギー （系統自然エネルギー発電）
規模と その特徴	微小電力（μW～W） 薄くて広く存在する 　身の回りのエネルギー 未利用エネルギー 地産地消で微小規模	大規模能電力（kW～MW） 適した場所での 　再生可能エネルギー 利用実績大のエネルギー 系統電力として大規模
利用法	○小型軽量でいつでもどこでも 　利用可能 ○自立電源で外部電力供給なし ○メインテナンス不要 （外部電池不要）	△移動困難だが安全な系統電源で 　多様な電源とグリッドで結合 △有線給電で外部電力必要 △定期的メインテナンス （外部電池など必要）
コストと 課題	△高コストだが付加価値大 　システムコストの低減必要	○安価なで安全な電力の開発 　他の発電とのコスト競争必要
発電源	振動発電、熱電発電、 光発電、電波発電など	風力発電、地熱発電、 太陽光発電など
展望	自律型パワー IoTで重宝	エネルギー多様化 CO_2削減

（参考）人力発電と環境発電

スマホの手回し発電機（人力発電）
(発電が主目的であり、狭義の「環境発電」とはいえません）

自転車の電灯用のダイナモ発電機（環境発電）
(未利用エネルギーの利用であり、「環境発電」といえます）

3 環境発電のエネルギー源と用途は?

力学、熱、光、電波のエネルギー

大規模な自然エネルギー発電として、力学エネルギー利用の風力発電、熱エネルギー利用の地熱発電、光エネルギー利用の太陽光発電などがあります。生物由来のバイオマス燃料も再生可能エネルギー（グリーンエネルギー）として注目されています。

一方、身近な微小エネルギー利用の環境発電でも、いろいろなエネルギー源とその変換機器が利用されます（**上図**）。人体や構造物での振動や変形の力学（機械）エネルギー、体温や工場排熱からの熱エネルギー、屋外太陽光や室内照明からの光エネルギーが利用されます。電波などの高周波電磁波エネルギーや、人体や微生物での生物エネルギーなども、環境発電のエネルギー源として利用されます。

これらのエネルギーを電気エネルギーに変換する技術が環境発電技術です。振動や回転の力学エネルギーは圧電（ピエゾ）素子や電磁誘導素子により電気エネルギーに変換されます。音や水の流れも音響素子や羽根車により発電に利用できます。熱エネルギーは温度差を利用して熱電素子などにより環境発電を行います。光エネルギーは屋内での弱い照明でも発電可能な光電池を利用します。小型レクテナ（アンテナと整流器の組合わせ機器）を利用した電波発電も行われます。さらに、生物エネルギー発電では、微生物触媒による燃料電池の開発も進められています。

環境発電技術の市場（マーケット）は、エネルギー源別、技術コンポーネント別や用途別に分類できます（**下図**）。技術的には、どのような用途でどのような環境エネルギー源を用いるかで、必要な技術コンポーネントも異なってきます。環境発電の用途としては、建物、社会基盤、工場、輸送、消費者、安全などがあり、技術機器要素としては、エネルギートランスデューサ（変換器）、電力の管理のための集積回路（PMIC）、微小電力の蓄電器、そして、外部との通信のための無線器が必要になります。

要点BOX
- ●機械、熱、光、電波、生物のエネルギー利用
- ●高効率のトランスデューサ（変換器）が必要
- ●エネルギー源、コンポーネント、用途別分類

環境発電のエネルギー源

エネルギー源		エネルギー変換機器
力学	振動	圧電（ピエゾ）素子、電磁誘導素子
力学	音、水流	音響素子、羽根車
熱	温度差	熱電素子
電磁波	光（太陽光、照明）	光電池
電磁波	電波	レクテナ
その他	生物	微生物燃料電池

環境発電のマーケット

ビル／ホーム（建物／家）
インフラ（社会基盤）
インダストリアル（工場）
トランスポーテーション（輸送）
コンシューマー（消費者）
セキュリティ（安全）

技術概念
（エネルギー源別）

技術要素
（コンポーネント別）

振動エネルギー
熱エネルギー
光エネルギー
電波エネルギー

トランスデューサ(変換機）各種
PMIC（パワーマネージメントIC）
二次電池
無線機器

4 環境発電のさきがけは?

鉱石ラジオやソーラー電卓

いまだ活用されていない膨大なエネルギーとして、自然のエネルギーでは海洋や台風のエネルギーなど、人工のエネルギーでは工場や地下街での排熱エネルギーなどがあり、それらの大規模な発電も検討されてきています。一方、環境発電では、より身近な微小のエネルギーを発電に用います。その歴史を振りかえってみましょう(図)。

「環境発電(エネルギーハーベスティング)」と呼ばれていなかった古い時代の例として、20世紀初頭の鉱石ラジオや、1930年代の自転車用ダイナモ発電のランプがありました。1970年代にはソーラー電卓、ソーラー腕時計などの小型精密機器にも太陽電池による独立電源が利用されました。1980年代には、日本で小さな水力発電としてのトイレの水流発電が開発され、自動の手洗い用水栓などに利用されました。腕時計では、腕の振りを利用して自動でゼンマイを巻いてくれる機械式の自動巻き腕時計は古くから作られてきていましたが、1990年代には電池内蔵の水晶時計などの電気的な腕時計が開発され、ついで振動を利用した電磁的な発電が、さらに後年には体温を利用しての熱電素子により発電しての電子的腕時計が開発されてきました。21世紀になってからは、いろいろな小電力機器に環境発電が組み入れられてきました。2000年頃には、押す力で発電して無線で通信する電力のいらない電気スイッチなどがドイツで開発・商品化されています。

さまざまな環境発電機器の開発には多くの企業が関心を持ち、日本では2010年に日本国内の企業の力を結集した「エネルギーハーベスティングコンソーシアム」が結成され、環境発電のビジネスとしての実現化を目指してきました。その後、さまざまな技術革新により、スマートホーム、スマートインフラ、スマートセンサなどに利用され、IoT(モノのインターネット)に欠かさない技術となっています。

要点BOX

- ●歴史的には鉱石ラジオや自転車ダイナモ電灯
- ●2010年に日本のコンソーシアムが結成
- ●スマート社会で環境発電はますます重要に

環境発電の歴史

未利用エネルギー利用の無給電システム

20世紀初頭	鉱石ラジオ（無電源ラジオ受信機） 39
1936年	自転車のダイナモ発電ランプ
1970年代	ソーラー電卓、ソーラー腕時計
1980年代	トイレの水流発電（手洗い用水栓）旧 INAX 20
1990年頃	振動発電、体温発電の腕時計　セイコー、シチズン 52
2000年代	無電源ワイヤレススイッチ　エンオーシャン（独） 53
（2010年エネルギーハーベスティングコンソーシアムの国内設立）	
2010年代	技術革新（微小消費電力回路、高効率蓄電）によるいろいろな環境発電の進展 スマートホーム 53 スマートカー 57 スマートシティ 54 55 スマートインフラ 56 スマートグッズ 34 スマートセンサ 34 その他
2020年代以降	IoTでのいろいろな環境発電の発展

5 IoTでの電源と通信は?

情報通信はその基盤技術の進展と共に発展してきています(**図の左側**)。「第1世代」はメインフレームコンピュータと直接つながった端末装置で構成され、「第2世代」ではネットワークにつなげられたクライアントとサーバーでの構成により運用がなされてきました。当時は、ラテン語の「あらゆるところにある」という語句を使ってユビキタス・コンピューティングやユビキタス社会とも言われていました。情報基盤の「第3世代」では、1人で何台ものモバイルを使う時代となり、モバイル、ビッグデータ、クラウド、そしてソーシャルがキーワードとなっています。機器にはマイコンが搭載されて、有線や無線でのネットワークにより、人を介さずにM2M(マシーン・ツー・マシーン)により動かされることになり、さらに、身近な小さなモノにまでインターネットがつながれてモバイルで制御できるIoT(インターネット・オブ・シングズ)社会が構築されてきています。特に産業用に使われるIoTはIIoT(インダストリアルIoT)と呼ばれています。

移動通信での世代(G、ジェネレーション)では、1980年代のアナログ方式の1Gから現在のIoT端末の5Gまで進展してきました(**図の右側**)。1980年頃のアナログ式の自動車電話にはじまり、2Gの電子メールとウェブのデジタル方式、3Gのマルチメディア端末、そして、多彩な動画が可能な4G、高精細動画が可能なIoT端末の5Gと進展してきています。いろいろなモノをいつでもどこでもインターネットつなげるIoTでは、モノの電源が自立していると便利です。その電源電力は微小なので環境発電の利用が期待されています。

さらには、来る6Gでは、実世界とコンピュータネットワーク世界との融合としてのフィジカル・サイバー融合がAI(人工知能)やロボット技術により達成されることが期待されています。

要点BOX

- ●情報基盤の第3世代はモバイル、クラウド
- ●移動通信システムの5GはIoT端末
- ●フィジカル・サイバー融合の6Gは2030年頃

情報基盤と移動通信の世代

情報基盤の世代

第1世代
（メインフレームと端末）

第2世代
（クライアント・サーバー）

1980年代後半
ユビキタス社会

第3世代
（モバイル、ビッグデータ、
クラウド、ソーシャル）

（一人で何台ものPC）
インダストリー4.0
M2M、IoT、IIoT

移動通信システムの世代

国際電気通信連合（ITU）の規格

1G <アナログ方式> 1980年頃
自動車電話、データ通信なし

2G <デジタル方式> 1990年頃
電子メールとウェブ

3G <マルチメディア端末> 2000年頃
（毎秒1メガビット）
音楽、データ通信、テレビ電話

4G <ユビキタス端末> 2010年頃
多彩な動画
（毎秒100メガビット）

5G <IoT端末> 2020年頃
高精細動画（4Gの最大100倍の速さ）
（毎秒10ギガビット）
「超高速」「多数同時接続」「超高信頼低遅延」

6G <フィジカル・サイバー融合> 2030年頃
IoTとAI(人工知能)、自動運転、
ロボット、遠隔医療
（毎秒100ギガ〜1テラビット）

ユビキタス：ubiquitous、いつでもどこでも通信）
インダストリー4.0：第四次産業革命

メガ：100万
ギガ：10億
テラ：1兆

M2M（Machine to Machine, 機械と機械の通信）
IoT(Internet of things,モノのインターネット）
IIoT（Industrial Internet of things, 産業分野向けIoT）

Column

エネルギーをみんなに、そしてクリーンに!
映画『不機嫌な真実2 放置された地球』(2017年)

元米国副大統領アル・ゴア氏は、地球温暖化（グロオーバルウォーミング）と気候変動（クライメットチャンジ）の危機を訴え、2006年にドキュメンタリー映画『不都合な真実』を発表し、翌年にノーベル平和賞を受賞しました。

あれから10年。危機は深刻化しているとして、2016年のパリ協定調印までの道のりを中心に、続編『不都合な真実2　放置された地球』が公開されました。

2001年に2015年までの目標としてミレニアム開発目標（MDGs）が国連総会で採択されましたが、2015年には、持続可能な開発のために、向こう15年間の新たな行動計画として「我々の世界を変革する：持続可能な開発のための2030アジェンダ」が採択されました。

MDGsで残された課題としては女性の地位向上、2酸化炭素排出量の削減などがありました。それらを踏まえて、持続可能な開発目標（SDGs：エス・ディー・ジーズ）では、17の世界的目標と169の達成基準が定められました。例えば、エネルギーに関しては第7目標の「エネルギーをみんなにそしてクリーンに」とし、気候に関しては第13目標の「気候変動に具体的な対策を」とされています。人間（ピープル）、繁栄（プロスパリティ）、地球（プラネット）、平和（ピース）、パートナーシップの5つの「P」の幅広い持続可能な開発に対して、未利用のエネルギーによる「環境発電」がささやかですがしっかりと活用されてきています。

気象衛星の画像の前で講演する
元米副大統領アル・ゴア

『不都合な真実2　放置された地球』
原題：An Inconvenient Sequel: Truth to Power
製作：2017年　米国
監督：ボニー・コーエン、ジョン・シェンク
出演：アル・ゴア
配給：パラマウント映画

第2章 環境発電のしくみは？

6 環境の広がりと人間活動のエネルギーは？

地球環境から宇宙環境へ

環境のエネルギーを利用するために、環境そのものの広がりとそこでのエネルギー源について考えてみましょう。

地球環境は「地圏」「水圏」「気圏」に分類できます。通常、私たちの生活している領域「生物圏」は気圏と地圏や水圏との間の狭い限られた領域ですが、上空の「宇宙圏」も、将来的に私たちの生活環境として利用されることが想定されます（上図）。

生物圏での自然環境に関しては、太陽光、風、雨、気温などのエネルギーが利用されます。一方、人間活動に関連して、照明光、騒音、排熱、電磁波汚染、廃棄物、生物の運動などのエネルギーも利用できます。これらの身近で未利用のエネルギーは非常に希薄ですが、時間的に蓄積すれば微小電力の機器を短時間動かすこともできます。また、災害などの非常時には、台風、火山爆発、地震、津波などの膨大なエネルギーが私たちを襲います。これらは、時間や場所の限定が困難であり、エネルギー利用には不向きですが、緊急時の通知や監視などの特定の目的での発電利用も検討されてきています。

宇宙圏では、高エネルギー粒子やガンマ線としての宇宙線が降り注いでいます。非常時には、太陽フレア（太陽表面爆発）や超新星爆発でのガンマ線バーストもあり、宇宙飛行士にとって危険な現象です。

1次エネルギーとしての自然エネルギーから2次エネルギーの電気エネルギーを得る「系統発電」では、一般的に、発電、送電、配電、蓄電などの技術が利用されます（下図）。発電所は大規模で建設費も膨大ですが、得られる電力量あたりの価格（発電単価）は低くて、質の良い電気が得られます。

一方、外部電源なしで微小エネルギーを利用する環境発電では送電は不要となり、情報伝達に無線通信が必要となります。地球規模ではありませんが、個人の発電機器として環境に優しいシステムです。

要点BOX

- 地圏、水圏、気圏での自然エネルギー
- 宇宙圏では宇宙線などのエネルギー
- 動物や人間による人工エネルギー

環境の広がりとエネルギー源

	通常時（自然）	通常時（人工）	非常時（自然）
宇宙環境 太陽圏 地球磁気圏	宇宙線 （高速粒子、 ガンマ線）	電磁波	ガンマ線バースト 太陽フレア
地球環境 気圏 地圏 水圏	太陽光 風 雨 気温 重力	照明光 騒音 排熱 電波 廃棄物 生物の運動	台風 火山爆発 地震 津波

エネルギー利用と発電システム

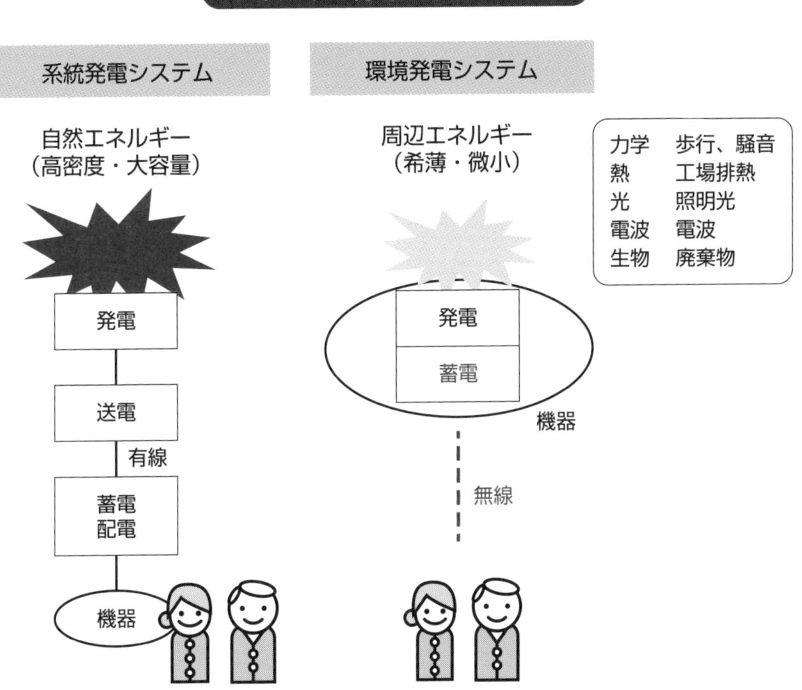

7 環境発電のエネルギー源の強さは?

屋外太陽光が最大パワー

身近なエネルギーを活用する場合には、そのエネルギーがどれほど強いかが重要になります。地球の軌道上での単位面積、単位時間当たりの太陽エネルギーとして太陽定数（1平方センチメートルあたり137ミリワット）が定められていますが、私たちが通常利用する太陽光では、その値の10分の1の10ミリワット毎平方センチメートルです。

環境発電で利用するエネルギー源としては、力学（機械）、熱、光、電磁波、生体エネルギーなどがあります。そのパワー密度の比較を図で示しました。

環境発電での単位時間あたりのエネルギー表面密度（または、エネルギー体積密度）の典型値は、1平方センチメートルの面積あたり（または、1立方センチメートルの体積あたり）0・1ミリワットです。

力学環境発電では、典型的に0・1ミリワット毎平方センチメートルのパワー表面密度です。変形運動では振動運動よりも変位が一般的に大きいので、図のようにピーク値としてのワット数は典型値より大きくなりますが、頻度が低い場合は発電エネルギー量が大きくなるとはかぎりません。

熱環境発電では、温度差による熱勾配を利用するいろいろな発電があり、熱振動発電は平方センチメートルあたり0・01ミリワットの熱パワー密度が利用されています。光は電磁エネルギーであり、屋内照明でのパワー密度は、典型値の0・1ミリワット毎平方センチメートルです。赤外線や電波を利用する発電ではパワー密度は高くありません。

生体のエネルギー利用も進められています。パワー密度は電波のパワー密度よりもさらに低く、1平方センチメートルあたり1マイクロワットほどです。

通常、ラップトップパソコンでは10ワット、携帯電話では1ワットの電力が必要であり、現状では環境発電での稼働は困難です。FM送受信、補聴器、電子腕時計での環境発電での動作が可能です。

要点BOX
- ●環境発電のパワー密度は典型的に$0.1mW/cm^2$
- ●屋外太陽光の環境発電のパワー密度が最大
- ●無線通信、補聴器や電子腕時計での環境発電

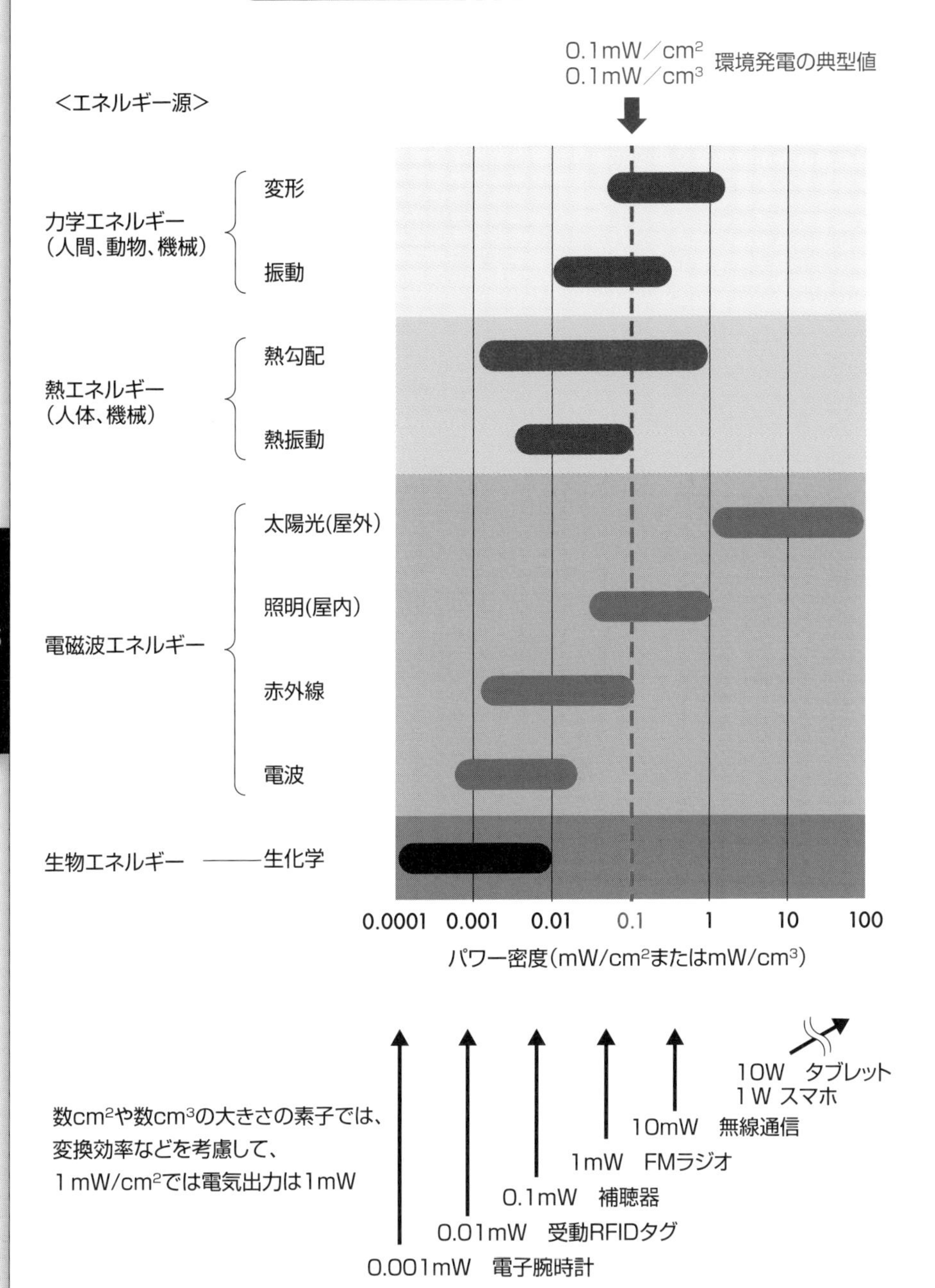
環境のエネルギー源のパワー密度比較
0.1mW／cm2
0.1mW／cm3
環境発電の典型値
<エネルギー源>
力学エネルギー
（人間、動物、機械）
変形
振動
熱エネルギー
（人体、機械）
熱勾配
熱振動
電磁波エネルギー
太陽光(屋外)
照明(屋内)
赤外線
電波
生物エネルギー
生化学
0.0001
0.001
0.01
0.1
1
10
100
パワー密度（mW/cm2またはmW/cm3）
数cm2や数cm3の大きさの素子では、
変換効率などを考慮して、
1mW/cm2では電気出力は1mW
10W　タブレット
1W　スマホ
10mW　無線通信
1mW　FMラジオ
0.1mW　補聴器
0.01mW　受動RFIDタグ
0.001mW　電子腕時計

8 環境発電はなぜ必要か?

微小規模のメインテナンスフリー機器

環境発電はモバイル機器やアクセス困難な機器で用いられる自立電源システムですが、外部電池などでまかなうことはできないのでしょうか? 環境発電は本当に経済的に成り立つのでしょうか?

大容量(ギガワット級)の火力発電や原子力発電による系統電源では、単位パワーあたりの発電コストを低くでき、かつ信頼性の高い電力を得ることができます(上図)。中規模(メガワット級)の再生可能な自然エネルギー発電も、環境と開発とのバランスをとるグリーンエネルギーとして期待されています。系統発電からの配線が到達していない山奥や離島での電源、さらに災害などでの非常時の電源としては、小規模な独立電源が活用されています。

より身近で小規模電力の機器では、小型の2次電池(蓄電池)が利用されています。電気自動車などの高価な機器では無線での給電も可能となっていますが、さらに小規模な腕時計などの超小型のモバイルデバイス(携帯機器)では、発電単価の高い1次電池が組み込まれています。ただし、数年に1度は電池交換が必要となります。この1次電池の代わりとして、自立電源を用いてメインテナンスなしで長期間使用可能なシステムが環境発電です。

ここで系統電源、電池、環境発電の発電単価を比較してみます(下図)。系統発電では、1キロワットで1時間(1キロワット時)の電力料金は10円から30円です。蓄電池としての2次電池ではキロワット時あたり数百円であり、使い捨ての乾電池などの1次電池ではさらにこの百倍ほどの数万円です。環境発電では、発電単価はさらに高くなります。

近くに系統電源がなく(海上など)、運動するので配線が困難(腕時計など)、設置作業や配線作業をなくしたい場合(高速道路の監視など)や、安全性から保守点検が困難な場合(火山観測など)で、しかも微小電力で動く場合に環境発電が有効になります。

要点BOX
- ●環境発電の発電単価は系統発電の数百万倍
- ●発電単価は高いものの、自立発電で電池交換不要の環境に優しい微小規模システム

発電量と発電コスト

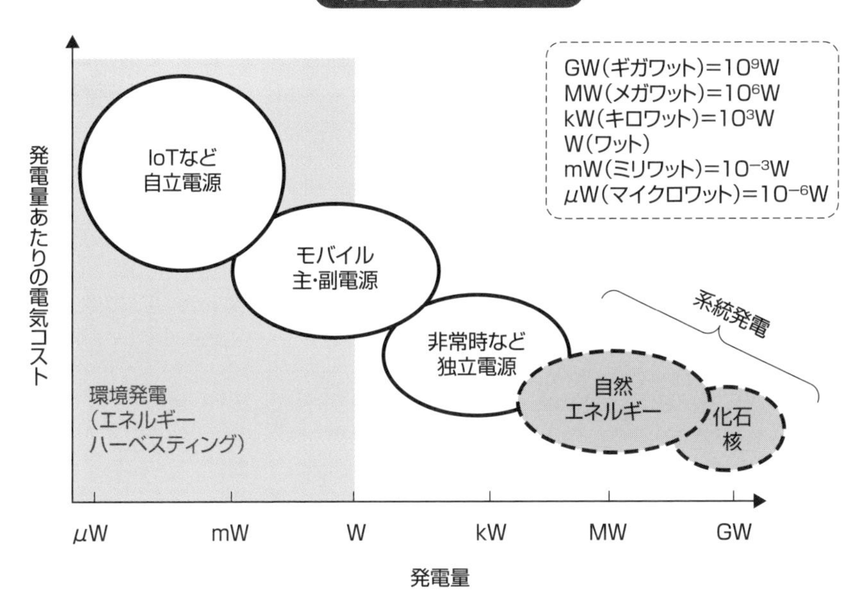

商用電力、電池、環境発電の発電単価の比較

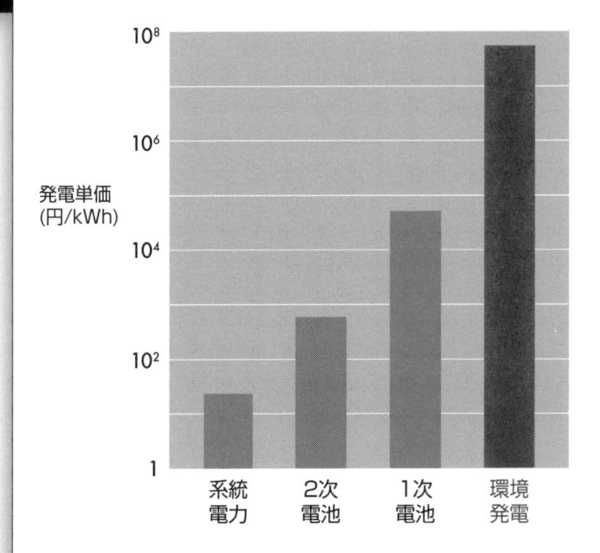

(1次電池の例)
1.5Vの単3アルカリ乾電池1本(数十円)では電気容量はおよそ2000ミリアンペア・時間であり、最終的に電圧が1ボルトほどに低下するとして2ワット時(2ボルト・アンペア・時間)の電力量となります。したがって、キロワット時あたり数万円の発電単価です。

(環境発電の例)
環境発電スイッチ(数千円)の発電量は10マイクロワットで0.1秒間。これを1日数十回、十年間(3600日)使うと、発電量は百ミリワット秒に相当します。したがって、キロワット時(数百万ワット秒)あたりでは数千万円の発電単価に相当します。

9 電気のエネルギーとパワーの違いは?

ジュールとワット

発電量を電気エネルギーや電気パワーとも言いますが同じものでしょうか? ここでは仕事、エネルギーとパワーについて整理しておきましょう(図)。

物を持ち上げるのには力がいります。その力で上に移動させた距離を動かした場合に、力と距離とを掛けて「仕事」を定義します。重力加速度はおよそ10メートル毎平方秒なので、0・1kgの物体には重力が1ニュートン(N)かかり、これを力の方向に1メートル動かすと、機械的な仕事(エネルギー)は1ジュール(J)と定義されます。1ジュールの仕事を1秒で行った仕事率(パワー)が1ワット(W)であり、力学パワーに相当します。

熱エネルギーでは、1gの物体の温度を1度上げる熱量(熱エネルギー)は1カロリー(cal)であり、これは4・2ジュールに相当することが実験的に明らかとなっています。

電気エネルギーは電子の振る舞いで定義されています。1個の電子の電圧1V(ボルト)の電場が加わると加速され、1電子ボルト(eV)のエネルギーを得ます。電荷1クーロン(C)の物体に1ボルトが加わると1ジュールの電気エネルギーが得られますが、1兆個のさらに1億倍の電子が集まればの負の電荷は16クーロンなので、1電子ボルトは非常に小さなジュール数となります。電流は電荷の流れであり、1クーロンが1秒間流れる時に1アンペア(A)と定義されるので、電気エネルギーの時間率(仕事率)は、1ボルトで1アンペア流れた場合に1ワット(W)と定義されます。たとえば、100Vで1Aの家電機器では100Wの消費電力パワーと言えます。

以上のように、電気エネルギーに対して、時間的な変化率としてのエネルギー率(仕事率)が電気パワー(電力)です。パワーの単位はワットであり、電気エネルギーの単位はジュール、あるいは、ワット・秒やワット・時が使われます。

要点BOX

- 仕事(エネルギー)の単位はジュール、カロリー、電子ボルト
- 仕事率(エネルギー時間率)の単位はワット

電気エネルギーと電力パワー

÷ 時間

仕事（ワーク）
エネルギー
電気エネルギー（=電力量）

100W電球の
1秒間のエネルギーは1J
1時間のエネルギーは1Wh

単位

ジュール（J = N·m）
カロリー（cal）
電子ボルト（eV）

電力量の場合
ワット秒（Ws = J）
ワット時（Wh）

1 cal = 4.2 J
1 eV = 1.6×10^{-19} J
1 Wh = 3600 J

関係式

仕事（J） = 力（N） × 距離（m）
　　　　 = 電荷量（C） × 電圧（V）

電気エネルギー（Wh） = 電気パワー（W） × 時間（h）

× 時間

仕事率（パワー）
エネルギー時間率
電気パワー（=電力）

100Vで1Aの電球の
電気パワーは100W
これは、
毎秒100J の電気エネルギー

単位

ワット（W = J/s）

電力の場合
ワット（W = VA） = 電圧（V） × 電流（A）

関係式

仕事率（W） = 仕事（J） ／ 時間（s）
　　　　　 = 電流（A） × 電圧（V）
電流（A） = 電荷量（C） ／ 時間（s）
電力（W） = 電力量（Wh） ／ 時間（h）

10 環境発電のシステム構成は?

発電、蓄電、無線通信

環境発電は、微小なエネルギー源を利用した自立自足の発電システムですが、通常システムと環境発電システムとのデバイス(機器)の構成を比較してみましょう。一例として、環境情報を測定するセンサのシステムを考えます(上図)。

通常システムでは、センサ・マイコン機器とそれを制御するための制御機器と電源機器があります。センサと付随機器の駆動のためのに有線で電源配線がなされ、センサ部と主制御装置とは通信配線がなされています。この場合には、センサ部が大型で消費電力が大きい場合でも、外部電力での制御が可能です。ただし、外部電源からの配線が必要となり、センサ部を自由に移動させることが困難です。

一方、環境発電システムでは、センサ部と主制御部とは無線通信によりつながり、センサ部の電源は環境エネルギーを利用した独立電源で動きます。通常システムと異なり、センサやマイコン機器、無線装置の消費電力をできるだけ小さくするシステムが必要となります。

環境発電の特徴は、独立電源と無線通信です(下図)。外部電源や外部電池を利用しない独立自立電源なので、原理的にメインテナンスが不要となります。大量の電池の廃棄もなく、環境に優しいシステムです。無線通信で有線配線が不要なので設置が容易であり、センサ部の移動も可能です。

環境発電システムの課題もいくつかあります。微小な環境エネルギーを用いた電源なので、小電力で動くデバイスにしか対応できません。運転していない時に環境発電での小さな電力を集めて、間欠的な運転に対応して短時間に電力を使う必要もあるので、急速放電が可能な長寿命で低エネルギー損失の蓄電池デバイスの開発が必要となります。低消費電力の無線装置の開発も必要です。無線通信の場合には通信の信頼性、安全性に留意する必要があります。

要点BOX

- ●通常系ではセンサの電源と通信の配線必要
- ●環境発電ではセンサ電源は独立で通信は無線
- ●環境発電には低消費電力の機器開発が必要

通常システムと環境発電システム

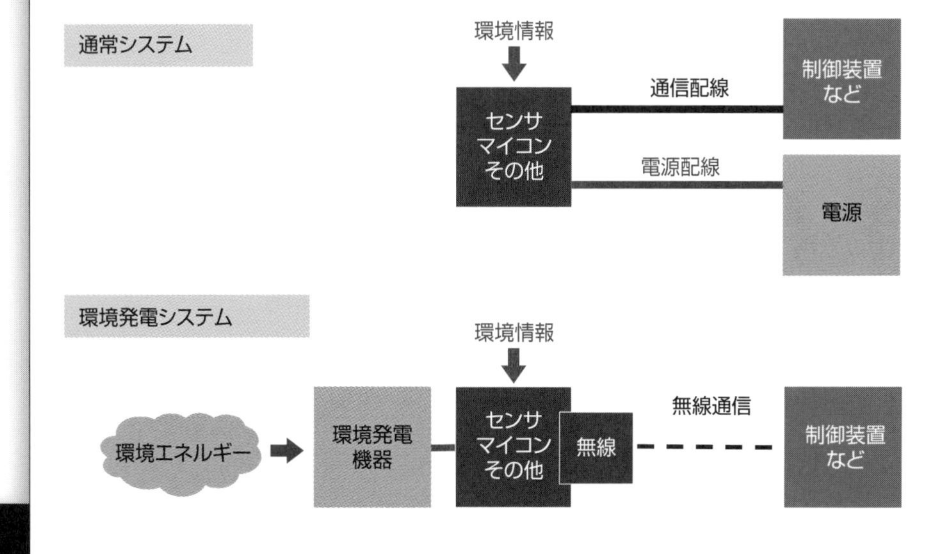

環境発電システムの特徴

独立電源と無線通信

利点	独立自立電源 メインテナンスフリー 配線不要 多量の電池の破棄不要 移設が容易
課題	小電力デバイス必要 蓄電装置必要 無線での信頼性、安全性の確保

11 いろいろなエネルギー変換と環境発電は?

電気への身近なエネルギー変換

私たちの身の回りにはさまざまなエネルギーが満ちています。力学エネルギー（位置エネルギーと運動エネルギー）、電気エネルギー（磁気エネルギーを含む）、光エネルギー、熱エネルギー、化学エネルギー（生体エネルギーを含む）、核エネルギーなどがあります。発電のための1次エネルギー資源としては、化石資源（石油、石炭、天然ガスなど）、核燃料資源や自然エネルギー資源（太陽、水力、地熱など）があります。ほとんどの自然エネルギーの起源は太陽活動で、その源は核の力としての核融合反応です。

エネルギーは相互に変換が可能であり、いろいろな発電方法により、電気エネルギーに変換されています（上図）。たとえば、力学エネルギーと電気エネルギーとの相互変換は、発電機と電動機で可能ですし、化学エネルギーと電気エネルギーとの変換は、燃料電池と電気分解作用で可能です。また、熱エネルギーと力学エネルギーとの変換は、熱機関とヒートポンプで行われます。

エネルギー資源としての一次エネルギーに対して、電力はガソリン、水素などと同じ2次エネルギーです。電気は現代社会ではクリーンで安全な最も使いやすいエネルギーとして重宝されており、電力化率（一次エネルギーに占める電力の比率）は先進国の指標にもなっています。

環境発電では、運動のエネルギー、排熱エネルギー、光エネルギー、廃棄物（微生物や生体）などの未利用のエネルギーが活用され、電波エネルギーや放射線エネルギーなども利用されます（下図）。典型的には、力学、熱、光、化学に対しては、圧電素子、熱電素子、光電池、燃料電池が利用されます。電波エネルギーや放射線エネルギーでは、レクテナ（電波を直流電流に変換する整流回路付きのアンテナ）や原子力電池（放射線エネルギーを熱エネルギーに変換して発電）が使われます。

要点BOX

- ●エネルギーの形態は、力学、電気・磁気、光、熱、化学・生物、そして、核エネルギー
- ●環境発電では、排熱、廃棄物、光、電波など

エネルギー源とエネルギー変換

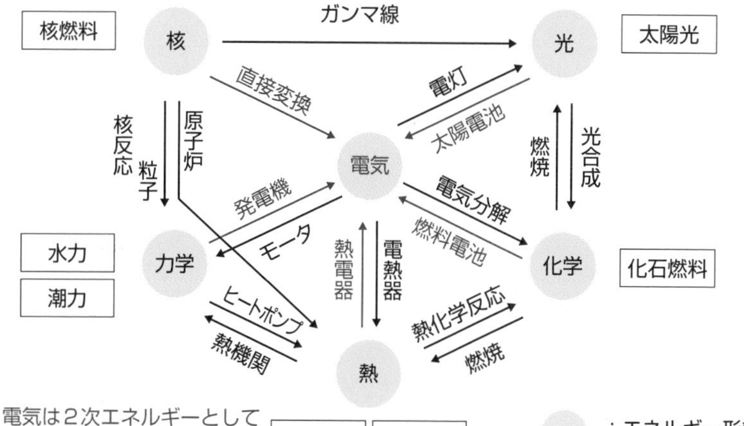

電気は２次エネルギーとして活用されています。

エネルギー源と環境発電

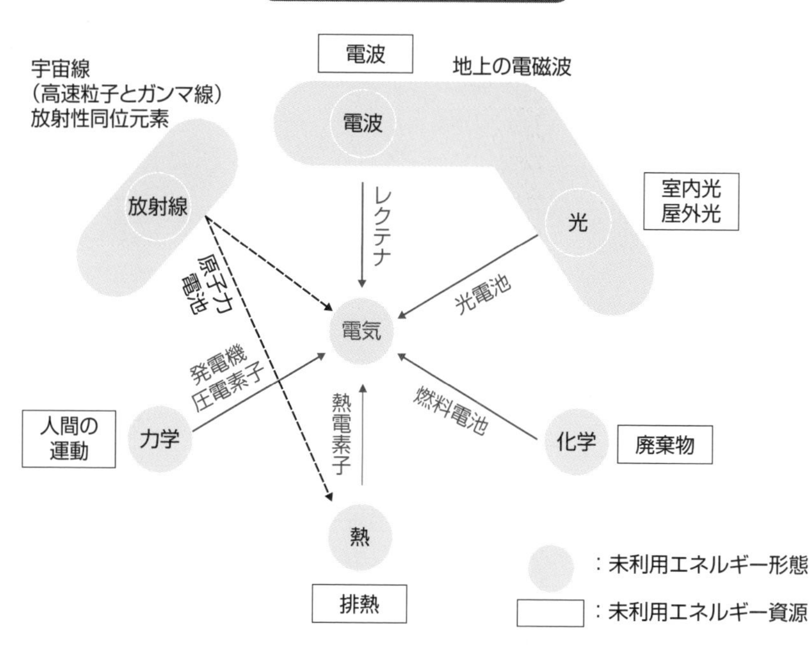

Column

再生可能エネルギーへの強烈な批判!
映画『プラネット・オブ・ヒューマンズ』(2020年)

　このドキュメンタリー映画は、リベラル派のマイケル・ムーア氏が再生可能エネルギーを強烈に批判しているとして、話題になりました。動画はWEBに公開されており、ヒット件数は千万件を超えています。

　映画では、大規模な再生可能エネルギー開発は環境に優しいレベルを通り越して、巨大な産業となり、時には利権と結びつき、環境破壊を引き起こしていると、指摘しています。

　再生可能エネルギーの問題点は、環境保護派からもすでに指摘されてきています。自然エネルギーは化石燃料や原子力に比べてエネルギー密度が薄いため、資源の投入や土地の利用が膨大になり、森林伐採などの環境破壊にもつながっています。出力も不安定で、化石燃料の助けが不可欠となっています。バイオマスは再生可能エネルギーの枠から外すべきだとの欧州委員会の指摘もあります。

　映画では、再生可能エネルギーは化石燃料と同様で持続可能ではないとして、私たちの現在の大量生産・大量消費のライフスタイルの変革の必要性を示唆しています。

　一方、大規模な再生可能エネルギーと異なり、身近で微小な自給自足の環境発電はエネルギー問題への寄与は大きくありませんが、「誰一人取り残さない世界へ」としてのSDGsの基本理念にかなった重要な発電です。多様な未利用エネルギーの発電技術の着実な進展が期待されています。

Youtubeで無料公開中の
ドキュメンタリー映画

『プラネット・オブ・ヒューマンズ』
原題:Planet of the Humans
製作:2020年　米国
監督:ジェフ・ギブス
製作総指揮:マイケル・ムーア
主演:ジェフ・ギブス
配給:RUMBLE MEDIA、
Youtubeで公開

第3章 運動の環境発電とは？

12 力学エネルギーとは?

質点の運動、剛体の回転、流体の圧力

振動や変形に伴う機械的なエネルギーを活用するには、物体に力が加わることによるエネルギー変化を利用します。力は、ニュートンの万有引力の法則に関連する重力や、ニュートンの運動方程式に関連する慣性力(質量と加速度の積)に関連し、物体の質量(重さ)に比例しています。これは、慣性質量と重力質量との概念の違いと、両者の大きさが同じという等価原理(アインシュタインの一般相対性理論の前提)という深遠な物理とも関係しています。

重さはあるが大きさがない理想の物体は「質点」と呼ばれますが、その力学エネルギーは、位置エネルギー(ポテンシャルエネルギー)と運動エネルギー(カイネティックエネルギー)に分類できます。それぞれ重力と慣性力とに関連します。重力エネルギーは質量m、重力加速度g、高さの差hの3つの積で得られます。バネの場合には、バネ定数kと変位の平方x^2との積が位置エネルギーに比例します。一方、速度を持った物体では質量mと速さの平方v^2との積に比例した運動エネルギーを持っており、速度が変化することで(加速度が加わることで)運動エネルギーが変化します。位置エネルギーUと運動エネルギーKの和としての力学的エネルギーの保存の法則が成り立ちます。

力が加わっても変形しない理想の物体は「剛体」と呼ばれますが、その重心の運動を考えて、質点の場合と同様に考えることができます。剛体の運動エネルギーでは並進のエネルギーの他に、重心のまわりの回転のエネルギーを加える必要があり、慣性モーメントと角速度の平方との積に比例しています。

流体の場合には、変形を伴って流れるので、ある場所でのエネルギー密度を考えます。運動エネルギー密度と位置エネルギー密度とのほかに、その場所での圧力を加えた和が保存され、「ベルヌーイの定理」と呼ばれています。

要点BOX
- ●運動と位置エネルギーの和としての力学エネルギー保存の法則
- ●さらに流体圧力を含めたベルヌーイの定理

質点のエネルギー

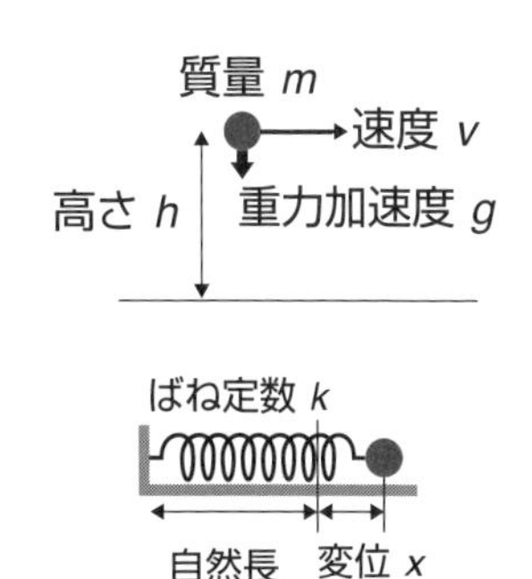

運動エネルギー（カイネティックエネルギー）

運動エネルギー　$K=\frac{1}{2}mv^2$

位置エネルギー（ポテンシャルエネルギー）

重力エネルギー　$U=mgh$

バネのエネルギー　$U=\frac{1}{2}kx^2$

力学エネルギー保存の法則　$K+U=$一定

剛体のエネルギー

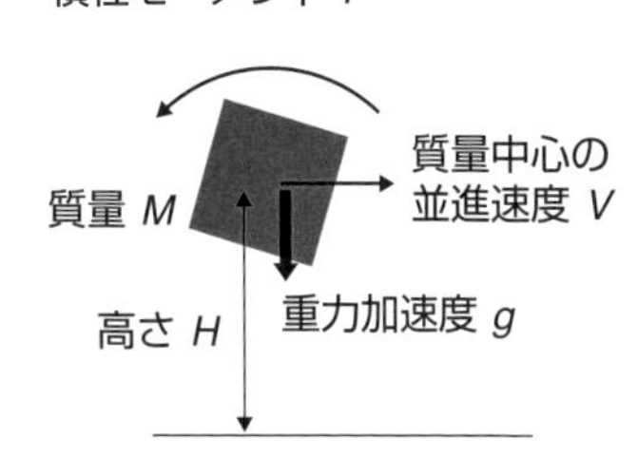

運動エネルギー（カイネティックエネルギー）

並進エネルギー　$K=\frac{1}{2}MV^2$

回転エネルギー　$W=\frac{1}{2}I\omega^2$

位置エネルギー（ポテンシャルエネルギー）

重力エネルギー　$U=MgH$

力学エネルギー保存の法則　$K+W+U=$一定

流体のエネルギー

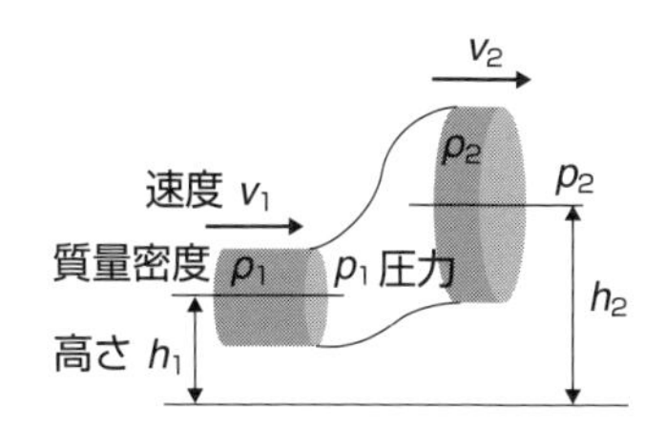

流体のエネルギー密度保存の法則
（ベルヌーイの定理）

$$\frac{1}{2}\rho v^2+\rho gh+p=\text{一定}$$

gは重力加速度

これらの法則や関係式は、力学環境発電の装置設計・解析に用いられます。

13 運動の環境発電の原理は?

電磁誘導、静電誘導、圧電効果、逆磁歪効果

力学エネルギーを利用する大規模な発電方式の典型例として、水力発電や風力発電があります。水力発電は、水の大域循環による高所の水を重力を利用して力学エネルギーを電気エネルギーに変換します。発電のデバイス(機器)としての水車では、回転のエネルギーを電磁誘導の法則により、電気エネルギーに変換しています。風力発電では風車により空気の流れによる運動エネルギーを、海流発電では水車により海水の流れを電気エネルギーに変換します。これらは、太陽のエネルギー(太陽での核融合エネルギー)や地球の重力エネルギーによる自然のエネルギーを利用しています。

一方、微小な未利用エネルギーを利用する力学環境発電(カイネティックエネルギーハーベスティング)では、発電原理(上図)としてコイルや磁石の動きによる電磁誘導の方式のほかに、静電誘導方式、圧電効果利用、逆磁歪効果利用などがあります。

エネルギー源としての力学運動の形態(下図)としては、振動発電、変形発電、流動発電があり、それぞれの運動様式に対応して、発電原理の技術的な適用に工夫がなされています。その典型例の概念図が下図に示されています。

力学環境発電では、蛇口の水流や雨粒の落下のエネルギーのような些細なエネルギーを利用します。また、床や靴の圧力や、押しボタンでの力など、人間の運動としての力学エネルギー(これは、生体エネルギーに起因します)を利用して発電を行います。このような微小で未利用のエネルギーを活用しても、エネルギー問題の解決にはほとんど寄与しません。しかし、より快適な生活を構築するために大いに役立ちます。多数の電池の廃棄がなくなり、環境に優しく、メインテナンスフリーのシステムが作れます。これは、センサ機器、アクチュエータ(駆動装置)など、インターネットにつながるＩｏＴで役立ちます。

要点BOX
- ●磁石利用の電磁誘導と電極移動の静電誘導
- ●逆磁歪素子や圧電素子による発電
- ●エネルギー形態は、振動、変形、流動

力学環境発電の原理

電磁誘導

磁石の移動

S

N

コイル

静電誘導

帯電板の移動

＋＋

－－

電極

逆磁歪効果

磁性体への力

磁性体

コイル

圧電効果

圧電体への力

電極

圧電体

力学運動の形態

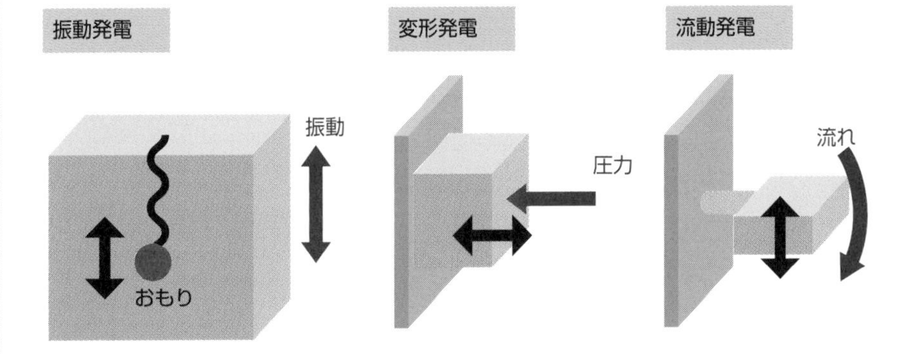

箱の振動エネルギーをおもりの運動に共鳴させて、電磁誘導などで発電

例：人の運動

力による変形エネルギーを、圧電素子などで電気エネルギーに変換

例：押しボタン

流体による可動板の運動エネルギーを圧電素子や羽根車などで発電

例：蛇口の水流

14 磁石の運動が電圧を生む?

力学発電の原理(1)
電磁誘導

電気のエネルギーを回転などの機械的なエネルギーに変えるのに、磁石(永久磁石または電磁石)を用いた電気モータ(電動機)が使われています。逆に、磁石を運動させると電気を作ることができます。これは、英国のマイケル・ファラデーが1831年に発見した「電磁誘導の法則」を利用しています。『誘導される起電力(電圧)の大きさは、コイルを貫く磁束(磁場の強さとその面積をかけた値)の単位時間当たりの変化に比例する』という法則です。

軟鉄を用いた変圧器を考えます(上図)。1次コイルで作られるリング内の磁束は、磁束密度B(単位はテスラ(記号はT)、あるいは、ウェーバー毎平方メートル(記号はWb/m^2)、円形の面積S(m^2)としてBSであり、N回巻きの2次コイルにはこのN倍の磁束が貫くので、誘導起電力は磁束NBSの時間変化率から求まります。ここで、磁束の単位はウェーバー(記号Wb)であり、電圧と時間の積としてのボルト秒(記号V・s)と書くこともできます。コイルを貫く磁束を変化させるには、磁石やコイル自体を振動させることで可能であり、電磁誘導式の力学環境発電の基本となっています。

閉じたコイルに磁石を近づけたり遠ざけたりすると、コイルに起電力が発生して電流が流れます。誘導される電流の方向は、ハインリッヒ・レンツにより1833年に「レンツの法則」としてまとめられています。これは『コイルや導体板に流れる誘導電流の方向は、誘導電流が作る磁束が、もとの磁束の増減を妨げる向きに発生する』という法則です(下図)。この電磁誘導の原理により磁石の振動エネルギーをコイルを用いて電気エネルギーに変換することができます。これは振動環境発電として高効率の発電方式です。ただし、圧電素子の方式に比べて、コイルを設置するスペースが必要となり、コンパクト化が難しく、機械運動の耐長寿命化も課題となります。

要点BOX
●ファラデーの電磁誘導の法則では、『誘導起電力は磁束の時間変化に比例』
●効率の良い発電が可能だが、長寿命化が課題

ファラデーの電磁誘導の法則(1831年)

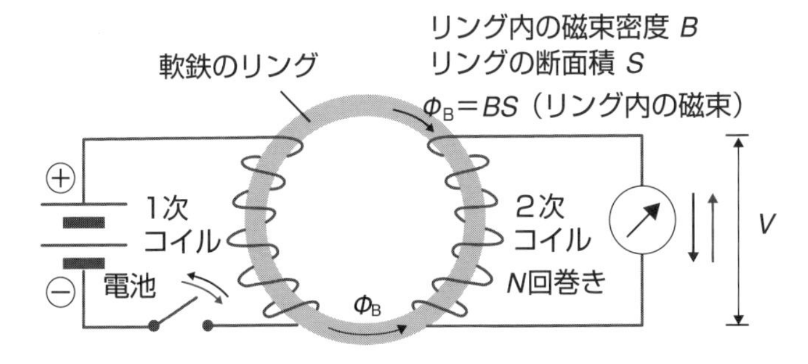

2次コイルがひろう磁束は$\phi = N\phi_B$であり、
その時間変化として起電力が生まれます。

誘導起電力 V [V]

$$V = -\frac{d\Phi}{dt} = -N\frac{d\Phi_B}{dt}$$

$$\Phi = NBS$$

磁束ϕの単位は磁気量と同じウェーバー(記号Wb)です。

(1 Wb = 1 V·s = 1 T·m^2)

電磁誘導による振動環境発電

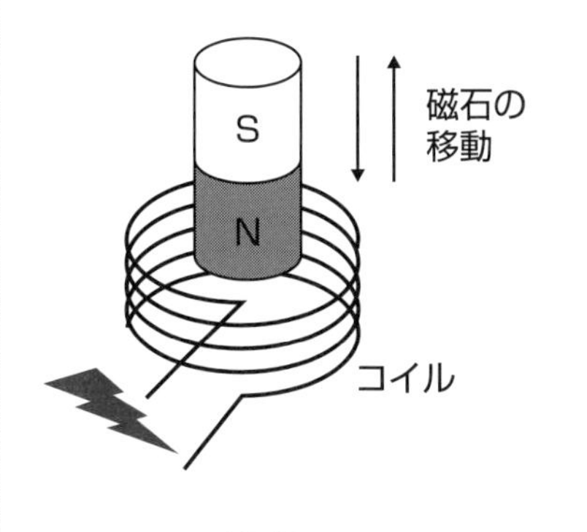

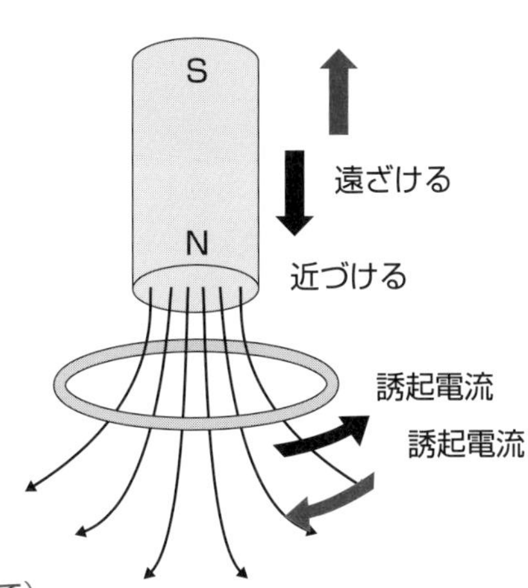

レンツの法則

磁石を近づけると(遠ざけると)、
磁石からの磁束が増えるので(減るので)、
磁束を減らすように(増えるように)、
誘起電流が流れます。

15 電荷の変化により電圧が生じる?

力学発電の原理(2) 静電誘導

冬の乾燥時にドアノブを触ったり、セーターを脱いだりする時に「パチパチ」と音がすることがあります。これは摩擦によって発生した静電気(摩擦電気)によるものです。金属製のドアノブの場合には、プラスに帯電している指を近づけるとマイナスの電荷が指の近くに集まり放電が起こります。プラスチックなどの絶縁物の場合にはこの感電は起こりません。

一般に、2つの物体をこすり合わせると、表面の電子が移動し、それぞれの物体は電気を帯びます。塩化ビニルの下敷きで頭の毛をこすると塩化ビニル板にはマイナスの電荷がたまり、髪の毛がプラスになります。電子が離れやすい方がプラスに、電子が離れにくい方ががマイナスに帯電します。これは「摩擦帯電」と呼ばれ、摩擦の運動エネルギーが電気エネルギーに変換されたことになります。

マイナスに帯電した棒を帯電していない導体(金属球)に近づける場合を考えます(**上図**)。導体の帯電体側部分には帯電体と逆の電荷が引き付けられ、導体の逆側部分には帯電体と同じ電荷が生じます。この現象は「静電誘導」と呼ばれます。

電荷Qがたまっている平行平板のキャパシタには電圧Vが加わります。電極間に誘電体を設置することで、より多くの電荷を蓄積することができます。

電極を動かしたり、電極内の誘電体を動かしたりすることで、キャパシタの電圧を変化させることができます(**下図**)。静電分極で蓄積している電荷量が一定の場合、電極間の距離dを半分や3分の1にすると、静電容量Cがおのおの2倍や3倍になり、電圧Vがそれぞれ2分の1と3分の1になります。また、挿入されている誘電体をもとの2分の1や3分の1になるまで引き抜くと、静電容量が2分の1や3分の1になり、電圧が2倍や3倍になるので、電極や誘電体を振動させて発電でき、静電気により発電することができることになります。

要点BOX

- 摩擦による帯電により発電
- 静電誘導により電荷が移動し電圧発生
- キャパシタの電極や誘電体の振動で発電

静電誘導のしくみ(金属球での静電誘導の原理)

(a)帯電体が遠くにある場合

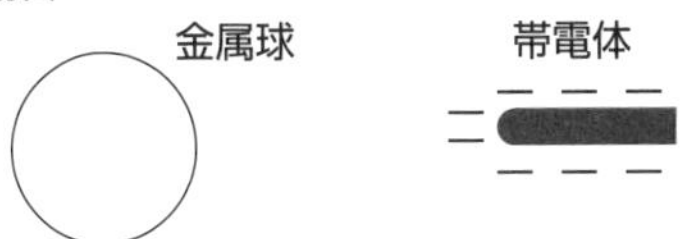

(b)帯電体が近くにある場合

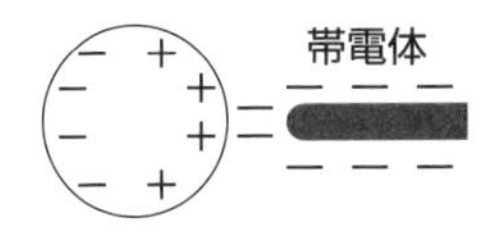

(c)球を接地した場合

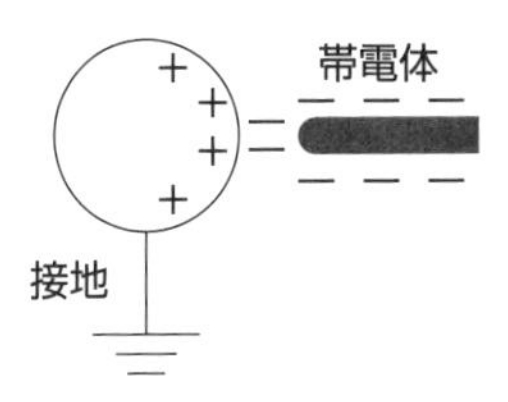

静電誘導による振動発電

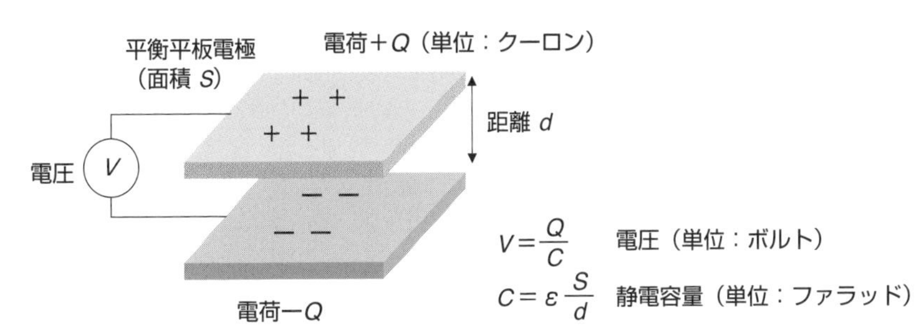

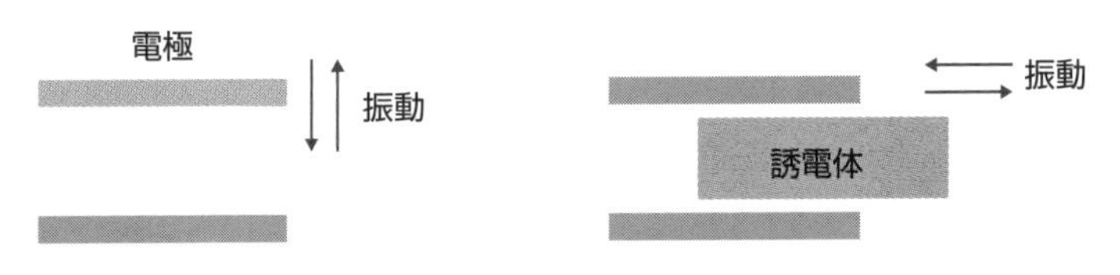

電極の振動により
間隔dが変化し静電容量Cが変化

誘電体の振動により
誘電率εが変化

16 圧力による歪みで電圧を生む?

力学発電の原理(3)圧電効果

　ある物質に圧力を加えると電圧が発生する場合があります。これは圧電効果、あるいは、ピエゾエレクトリック効果とよばれ、その物体を圧電体あるいは圧電素子とよばれています(上図)。圧搾するという意味のギリシャ語から「ピエゾ」と名づけられています。これは機械(力学)エネルギーが電気エネルギーに変換される効果であり、ガスコンロやライターなどの圧電点火装置、空気の振動を電気に変えるマイクロフォン、金属の伸縮による抵抗値の変化を測定するストレインゲージ(歪みゲージ)などで利用されています。圧電材料としては水晶(石英)やロッシェル塩の結晶などがあります。圧力により結晶内部に圧力に比例する誘電分極が起こり、電圧が生じることになります。

　固体に圧力をかけると電気が発生するメカニズムを詳しく考えてみましょう。固体の結晶はイオンが格子状に配置されていますが、結晶に圧力が加わるとイオンの位置がずれ、結晶の一方の端がプラスの電気を帯び、もう一方の端がマイナスの電気を帯びることになります。これは「電気分極」という現象であり、結晶内に電圧が発生することになります。

　例えばチタン酸バリウム($BaTiO_3$)の結晶の場合、立方体の中央にチタンイオンが1個、立方体の8個の頂点に8分の1の容積でバリウムイオンが合計1個、まわりの6個の正8面体の面に2分の1の容積で合計3個の酸素のマイナスイオンが含まれています。この中心点と正8面体を内蔵する立方体の結晶構造は灰チタン石(ペロブスカイト)で代表される構造と同じであり、ペロブスカイト構造と呼ばれています。圧力が加わっていない時にはプラスイオンが結晶の中央にありますが、圧力が加わると中央のプラスイオンが周辺のイオンの位置と相対的にずれて電気を帯びます(下図)。チタン酸鉛とジルコン酸鉛の固溶体(PZT)でも電気分極が顕著に表れます。

要点BOX

- ●圧力を加えると電気分極がおこり電圧発生
- ●チタン酸ジルコン酸鉛(PZT)の固溶体
- ●中心点と正8面体内蔵のペロブスカイト構造

圧電効果と電圧発生

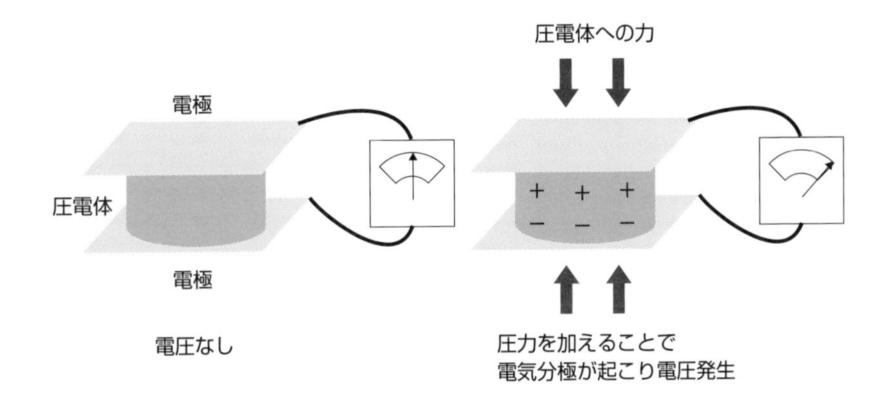

圧電効果による電気分極の原理

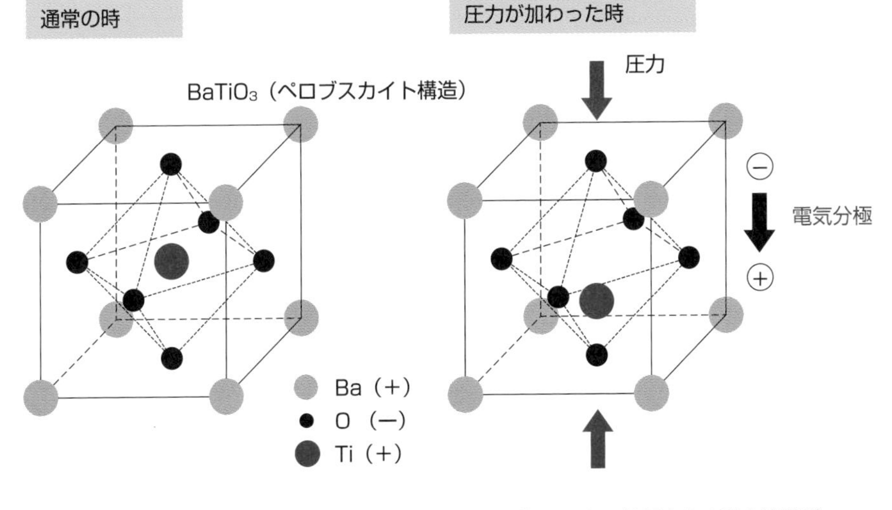

チタン酸ジルコン酸鉛（PZT）の場合は
外側の●にPb（鉛）、中心の●に
Zr（ジルコニウム）またはTi（チタン）

（PZT：Lead(Pb) ZirconateTitanate）

圧力が加わると、結晶中心のTiの位置が
相対的にずれて、電気分極が発生

17 磁性体の磁化が圧力で変化する?

力学発電の原理(4)逆磁歪効果

強磁性体磁石の磁気力の原因は、原子のミクロな磁石(電子スピン)が一斉に一つの方向を自発的に向くことによるものです。しかし、温度がある値(キュリー温度)より高くなると、ミクロな磁石の方向がバラバラになり、磁気が失われます。

強磁性体が磁化するときにかすかに変形することが知られています。これは磁歪(じわい)効果または磁気歪み効果とよばれており、熱力学で有名なジェームス・ジュールが1842年に発見しており、磁気ジュール現象とも呼ばれています(上図左)。

金属の結晶中の電子と原子核の間には電気的な力が作用しているため、電子の軌道が変化すると原子核の位置も変化し、かすかな歪みが発生します。磁場により原子の微小磁石のNS極がそろうために歪みも結晶全体でそろうので、形状がかすかに変化します。磁歪による寸法変化は、百万分の1(1ppm)ほどでしかなく、1㎞の長さに対してわずか1㎜ほどしか伸びません。近年、変位量が従来の千倍の千ppm以上にもなり、長さ1mで数㎜の変位が得られる材料(超磁歪材料)が開発されてきています。

逆に、強磁性体に引張力や圧縮力としての力学エネルギーを加えると磁気エネルギーとしての磁化の強さが変化します(上図右)。これは逆磁歪効果、または、19世紀のイタリアの物理学者の名前にちなんでビラリ効果と呼ばれており、応力センサなどの機器に利用されています。

この逆磁歪効果を用いて発電する方式が、逆磁歪環境発電です。磁性体に圧力を加えることで寸法が変化し磁場が変化するので、磁場コイルを使って発電できます。逆磁歪発電には一長一短があります(下図)。逆磁歪環境発電はコイルを用いるのでインピーダンスが低い回路を構成でき、高周波振動による発電に適しています。しかし、応答が非線形であり、MEMSとの組み合わせが容易ではありません。

●磁場印加により、磁歪効果(磁気ジュール効果)で数十万分の1の変形
●逆磁歪効果(ビラリ効果)で環境発電

磁歪(じわい)効果と逆磁歪効果

●磁歪効果(磁気ジュール効果)

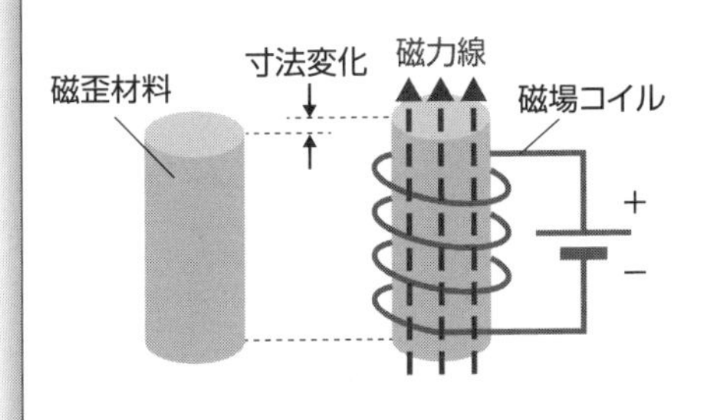

磁場なし　　磁場印加により寸法変化

磁気(磁界)を加えると、寸法が変化します。

●逆磁歪効果(ビラリ効果)

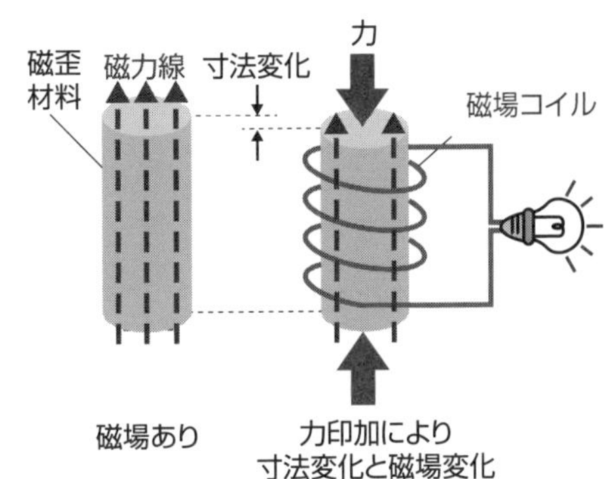

磁場あり　　力印加により寸法変化と磁場変化

圧力を加えると、透磁率が変化します。

逆磁歪発電の特徴

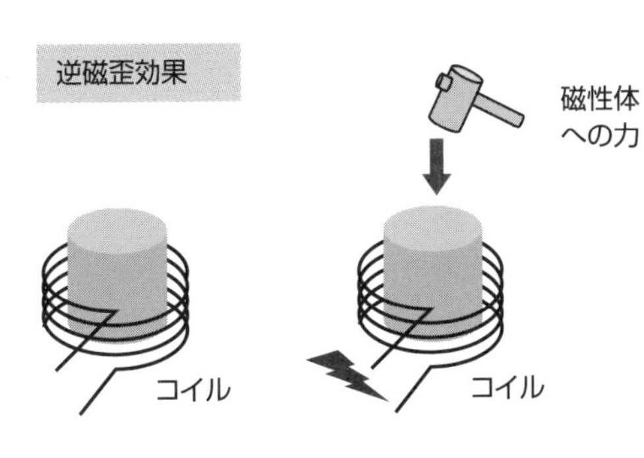

材料の特別な性質を利用
インピーダンスの小さな回路に適している

長所
結合係数大>0.9
脱分極問題なし
柔軟性
高周波振動に適している

短所
非線形効果
ピックアップコイル必要
バイアス磁場必要
MEMS*との統合困難

*MEMS:微小電気機械システム(Micro Electro Mechanical Systems)

18 さまざまな様式の力学環境発電とは?

振動、変形、流動による発電

前項までは、力学環境での発電原理による分類をまとめましたが、本項では、力学環境発電の形態からの分類をまとめます。固体の物体の振動や変形、液体の流動などの運動様式に従って発電方式が異なってきます。

振動発電では、13項でまとめた4つの原理のいずれかに基づく振動のエネルギーハーベスタを用いることができます。システム全体が振動している場合には、慣性で静止し続けようとするおもりと振動するバネとを使って、周期的な運動のエネルギーを発電に利用することができます(上図)。

変形発電や変位発電の場合には、ゴムのような柔軟な発電材料を用いてエネルギーを取り出すことができます(中図)。押しボタン型スイッチなどの間欠的な力の利用では、周期的な振動ではなく、1回の変形や変位のエネルギーを利用します。リコーが開発した「発電ゴム」は変形や振動で高い発電性能を得られています。

流動発電としての液体の力学エネルギーの利用では、回転方式、振動方式、渦方式の3つに分類されます(下図)。流動回転方式は、水力発電や風力発電と同じ原理の羽根車としてのローター(回転子)を使います。蛇口の水流の環境発電で利用されています。

流動振動方式では、流れのエネルギーをフラッピング振動としての羽ばたき運動に変換して、圧電素子を用いて発電します。送電線に雪や氷が付着した状態で強風が吹き寄せたとき送電線が上下に激しく振動するギャロッピング振動がありますが、この振動を利用することもできます。

また、液体の流れの中に物体がある場合にはカルマン渦やトレーリング(後流)渦が生じますが、この渦の振動の共鳴を利用する渦励振方式の環境発電も開発されてきています。

要点BOX
- ●力学環境発電では、運動の様式から、振動、変形、流動のエネルギーを利用
- ●流動振動ではフラッピングやギャロッピング

振動発電

電磁誘導　静電誘導

逆磁歪効果　圧電効果

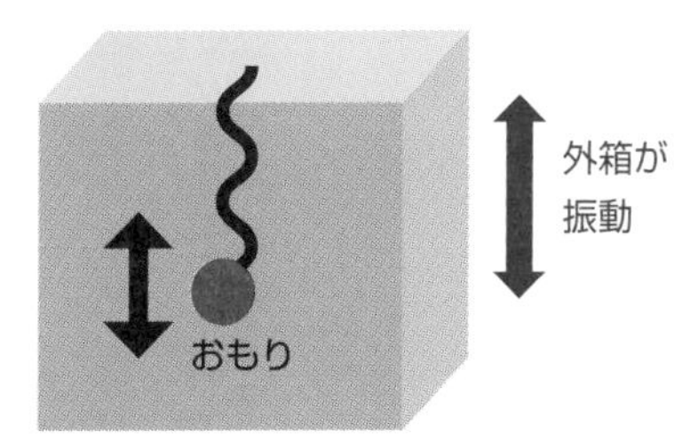

変形発電

柔軟な発電材料

ゴム発電

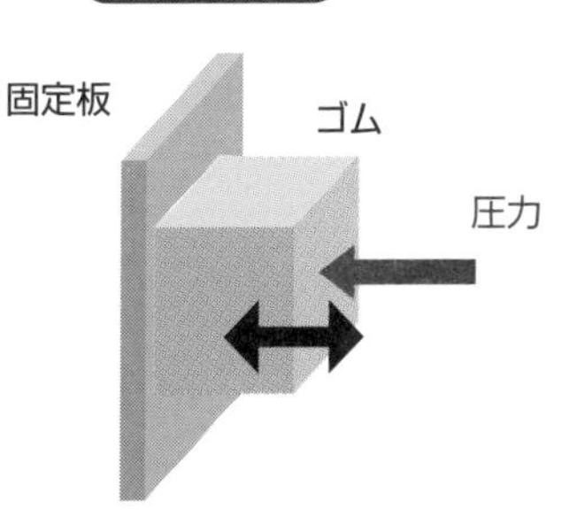

流動発電

回転方式

ローター(回転子)

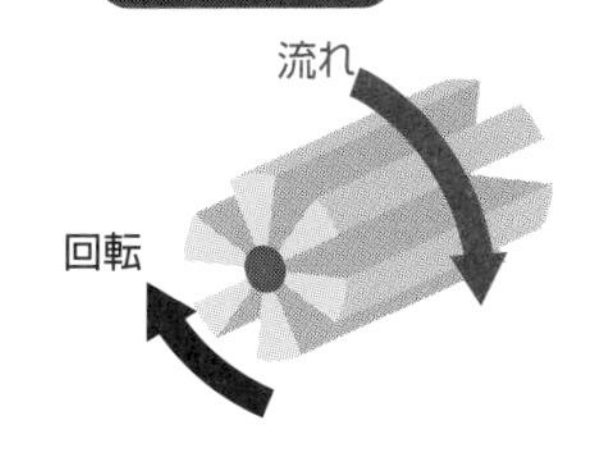

振動方式

フラッピング振動
ギャロッピング振動

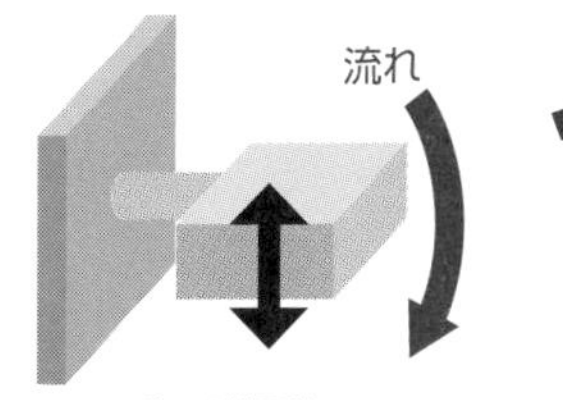

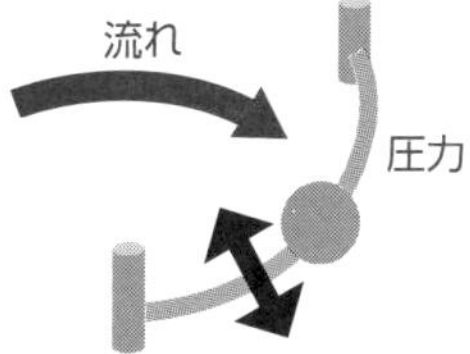

渦方式

カルマン渦
トレーリング(後流)渦

19 JR東日本での床振動発電試験の事例！

圧電素子による発電床

普段の人の運動のエネルギーをうまく利用する方法として、歩行時の床での振動エネルギーを利用する方法があります。床発電の典型的な方法として、圧電素子を使う方法と電磁誘導を使う方法が開発されてきています。

日本では、圧電素子を使う環境発電として、JR東日本での改札口での実証試験が2006年から2008年にかけて3回行われました。これは「床発電システム」として、新エネルギー・産業技術総合開発機構（NEDO）とジェイアール東日本コンサルタンツ（株）と共同で進められました（上図）。改札を1人通過するごとの発電量は、1回目の実証実験では約0・1ワット秒（0・1ジュール）であり、発電床の改良により第2回目は約1ワット秒が得られており、3回目の目標は約10ワット秒で2か月間経過後でも90パーセントの性能が保持されることを目標として、最終的に目標の半分の発電量が得られています。これらの発電された電気は、将来的に自動改札機や電光表示器などへの利用を目指していました。

これらの発電方法では多数の圧電素子を接続し、電気を蓄電装置で蓄えて利用されています。効率の良い圧電素子を用いることと、振動をいかに効率良く素子に伝えるかや、素子を支える構造材や保護材の耐久性を良くすることも重要な課題です（下図）。

圧電素子の代わりに、電磁誘導デバイスを利用する床発電も英国を中心に実用化されています[54]。構造はセンサコイルが必要となり複雑になりますが、発電効率が高い利点があります

発電床ではなくて、スマートブーツとしての発電靴も商品化されています。圧電素子や電磁誘導素子により歩行の振動エネルギーで発電を行う製品です。歩行発電で靴のソールに取り付けられたランプを点灯したり、スマホの充電に電力を利用できます。また、静電発電方式の靴も開発されてきています。

要点BOX

- ●圧電素子による振動床発電
- ●JR東日本での発電床の実証実験
- ●歩行でスマホが充電できるスマートブーツ

実例 床発電システム(圧電素子)

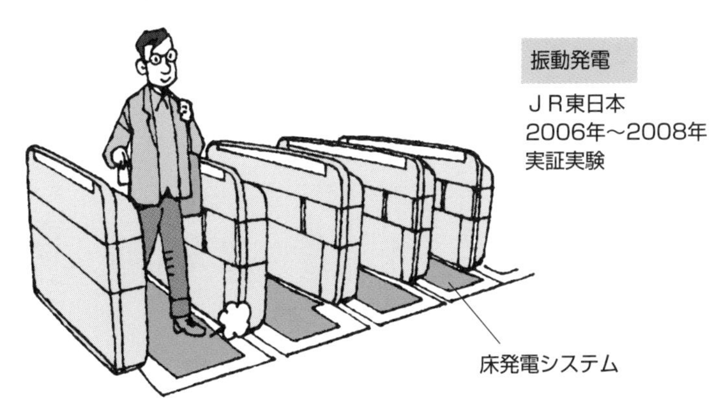

東京駅丸の内北口での第１回実証実験のイメージ（2006年）

出典：ＪＲ東日本https://www.jreast.co.jp/development/theme/pdf/yukahatsuden.pdf

歩行発電システムの構造

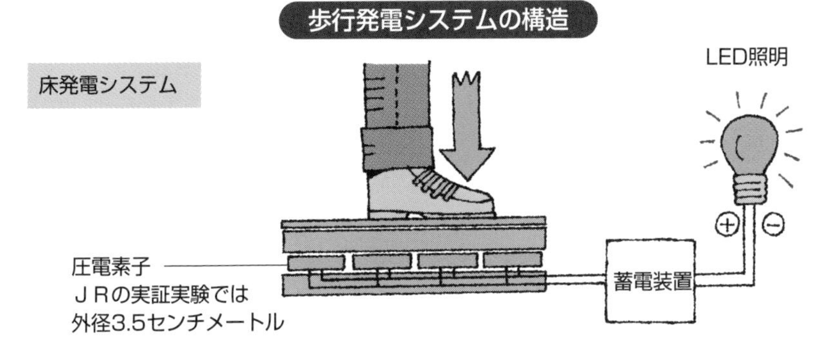

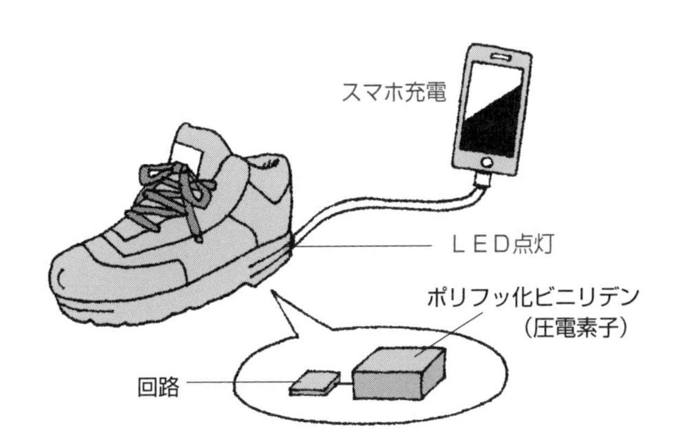

20 トイレでの流水発電の事例!

スマート水栓、スマートシャワー

日本のトイレには温水洗浄便座などにハイテクが使われており、世界的にも注目されています。赤外線センサが有効に利用されていて、ウォッシュレット（TOTO）やシャワートイレ（INAX）と呼ばれています。

トイレの自動水栓は、歴史的には1980年代にINAX（現在はLIXILのブランド名）が開発した「アクエナジー」と呼ばれる電源不要の水力発電です。手をかざすと赤外線センサが作動して電磁弁を動かし、手洗い用の水が流れます。その電力は、流水により回転する小さな羽根車を有する水力発電機で作られます。電気は蓄電用のキャパシタに蓄えられ、赤外線センサや電磁弁の作動に使われます（上図）。水回りでの厄介な外部電気配線が不要であり、電力の消費もなく経済的です。手をかざした時だけ水が出るので、節水にもなります。

このエネルギーハーベスティング技術は自動洗浄機能のある小便器にも応用されています（下図）。最近では、小便器機能の回路内にAI（人工知能）を組み入れ、使用頻度と使用時間を測定し、使用状況に応じて洗浄水量を調節する節水機能も備わっています。このINAXの「アクエナジー」やTOTOの「アクアオート・エコ」は、駅や商業施設、オフィスなどの公共施設を中心に多数設置されています。

自動運転を信頼性良く行えるように、バックアップ用にリチウム電池が組み込むこともなされています。スマートトイレの便座の保温や台座の自動開閉のための電力には、現状では環境発電の電力では小さすぎるので系統からの電力が必要ですし、リモコンにも外部電池の組み込みがなされています。そのほかの流水発電の事例として、湯の温度でLEDランプの色が変化するシャワーヘッドや、シャワーヘッドに取り付けられるワイヤレススピーカーも市販されています（下図）。

要点BOX

- ●流水環境発電の歴史的事例はトイレ自動水栓
- ●LIXIL-INAXとTOTOの自動手洗い水栓
- ●LEDの色が変わり音楽が流れるシャワーヘッド

自動水栓での流水発電(歴史的事例)

1980年代にINAX（現LIXIL）が特許開発

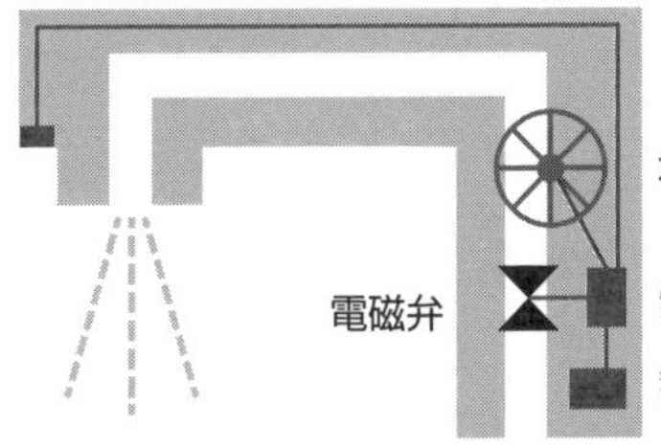

電源不要の水流発電の商品名
INAX（現LIXIL）の「アクエナジー」
TOTOの「アクアオート・エコ」

その他の水力環境発電の例

●センサー体形の小便器自動洗浄システム
LIXIL - INAX、TOTO

赤外線センサに対応して、
洗浄水が制御されます。

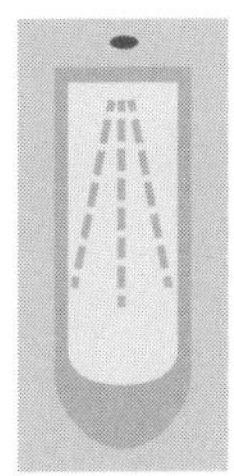

●温度でLED光の色が変化するシャワーヘッド

グリーン、ブルー、レッドの3色の変化で、
お湯の温度がわかります。

●シャワーヘッドに取り付けられる
ワイヤレススピーカー
「Shower Power」（商品名）
無線通信（ブルートゥース）で
好みの音楽を流すことができます。

Column

身近な風がアフリカの村を救った！
映画『風をつかまえた少年』(2019年)

この映画は、アフリカの非常に貧しい国マラウイ共和国で育った少年の物語です。2001年に大干ばつがマラウイを襲います。14歳のウィリアム・カムクワンバ少年は飢饉による貧困で通学を断念しますが、図書館でエネルギー利用についての一冊の本と出会い、廃品を利用し、独学で、風力発電をつくりあげます。風車を用いて乾いた畑に水を引くことを思いついたのです。

電気があれば、飢饉や食糧不足の解決に貢献できます。ごみとして捨てられてあった蓄電池とポンプ、それに自転車のダイナモ(発電機)を利用したのです。

自転車のダイナモとしては、リム(車輪の外縁)ダイナモとハブ(車輪の中心)ダイナモがあります。リムダイナモでは、発電機のローラーをタイヤの側面にばねの力で押し当てて、タイヤの回転で発電機を回します。ハムダイナモでは、固定された車軸にコイルが巻かれ、回転するホイールには多極のフェライト磁石が装着されており、電磁誘導で発電されます。自転車用のハブダイナモは1936年に英国で発明された環境発電技術です4。

ハブダイナモ発電機を用いた小型風車の模型は、ネットでも販売されています。ダイナモを利用した手回しの人力発電2によるラジオ、ライト、スマホ充電の災害対策電源も販売されています。

映画は、祈祷により雨を降らせようとする村人の中で、少年のまっすぐな思いが徐々に周りの人々を動かすこととなる感動のドラマです。

廃材で作られた風力発電
(風車で自転車の車輪を回してダイナモ発電機を動かしています)

『風をつかまえた少年』
原題:The Boy Who Harnessed the Wind
原作:ウィリアム・カムクワンバ、ブライアン・ミーラー
製作:2019年　英国、マラウイ
監督:アーウィン・ウィンクラー
主演:マクスウェル・シンバ
配給:ロングライド

第4章

温度差の環境発電とは？

21 熱と温度の違いは?

「熱」と「温度」とは異なる概念ですが、日常生活では、熱と温度を区別せずに使う場合があります。風邪の時に普通に「熱がある」と言ったり「熱を測る」と言ったりしますが、「温度（体温）が高い」、「温度を測る」が正確な言い方です。

物質を構成する原子・分子は乱雑に運動しており、内部にエネルギーを持っています。これは熱運動とよばれ、熱エネルギーの源です。原子・分子の熱運動は、上図で示されたように、煙や花粉などの微粒子が空気や水の分子とぶつかり不規則な運動（ブラウン運動）として観測できます。固体内でも原子や分子が熱運動により激しく乱雑に運動しています。熱運動を用いて定義すると、温度とは「熱運動のはげしさ」を示した状態量であり、熱とは「移動した熱運動のエネルギー」の物理量です（下図）。

熱の量を熱量と言い、水1gの温度を1℃上げるのに必要な温度を1カロリー（記号cal）と定められていますが、物理では主にジュール（記号J）が用いられます。1カロリーに対する仕事の量（4・18ジュール）は熱の仕事当量と呼ばれます。

物体に熱を加える場合に、熱量が大きいからと言って、物体の温度が高くなるとは限りません、上昇温度と熱量とは比例していますが、その比例係数（熱容量）の大小により、温まりやすさや、冷めやすさが異なってきます。熱容量は、物質特有の比熱と物体の質量との積で表されます。1グラムの物質の温度を1度上げる熱量が比熱であり、水の場合には4・18J／（g・K）です。

熱運動の激しさを表す温度として、通常使われているセルシウス温度（℃）、欧米で使われているファレンハイト温度（℉）、熱力学的に重要な絶対温度ケルビン（K）があります。℃は水の氷点と沸点とを基準として定義され、Kは原子や分子運動が全くない状態をゼロとして、℃の刻み幅で定義されています。

要点BOX

- 温度は原子・分子の熱運動の激しさ
- 熱（熱量）は熱運動での移動したエネルギー
- 熱量と温度変化の比が熱容量

熱エネルギーとブラウン運動

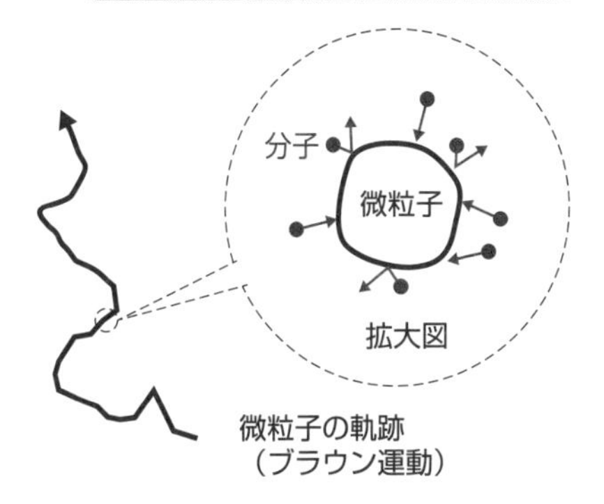

熱エネルギー：分子や原子のランダムな運動のエネルギー
ブラウン運動：分子の熱運動で引き起こされる微粒子の運動

熱と温度の関係

熱量 ＝ 移動した熱エネルギー（示量変数）
温度 ＝ 熱運動のはげしさ（示強変数）

熱量

1カロリー(cal) ＝ 水1グラムを温度1℃上げる熱量
1ジュール(J) ＝ 物体を1ニュートンの力で1メートル動かすエネルギー量

熱の仕事当量（1カロリーの仕事量）
1カロリー ＝ 4.18ジュール

熱容量

熱容量 ＝ 質量 × 比熱
熱量 ＝ 熱容量 × 温度変化

気体： 定積比熱 ＜ 定圧比熱
固体と液体： 定積比熱 ～ 定圧比熱
水の比熱 ＝ 4.18 J／（g・K）

温度

セルシウス温度（℃）
ファレンハイト温度（℉）
絶対温度（K）

水の氷点　0℃＝32℉＝273.15K
水の沸点　100℃＝212℉＝373.15K
絶対零度　0K＝－273.15℃

22 温度差と熱機関の発電原理は？

熱効率最大のカルノーサイクル

エネルギーは相互に変換できますが、力学エネルギーや電磁エネルギーと異なり、熱エネルギーは、他のエネルギーへの変換効率は高くありません。

熱に関しては、3つの重要な法則があります（上図）。❶熱エネルギーを含めてエネルギーが保存されること（熱力学第1法則）、❷エネルギー変換は不可逆的であり、乱雑さ（エントロピー）の量が必ず増加すること（第2法則）、そして、❸その基準（エントロピーがゼロ）が絶対温度がゼロであること（第3法則）です。第2法則はエントロピー増大の法則と呼ばれ、冷水と熱湯を混ぜ合わせた場合に中間の温度の温水が得られますが、その逆に、温水を冷水と熱湯とに分けることはできないことを示しています。

熱エネルギーを仕事（力学エネルギー）に変える装置は「熱機関」と呼ばれ、火力発電での蒸気タービン（回転原動機）や自動車での内燃機関エンジンなどがあります。熱機関は高温部分から熱量を取り出し仕事に変換して残りの熱量を排出します。熱機関のサイクルは「圧縮→加熱→膨張→冷却→圧縮・・・」の順番です。これらのサイクルの温度と体積の変化は、断熱、等温、等積のいずれかのプロセスです。

熱機関のサイクルは、*p-V*（圧力−体積）線図や*T-S*（温度−エントロピー）線図で表され、熱機関としての最高効率が得られるのは、熱力学の法則から*T-S*線図が長方形のカルノーサイクルです（下図）。2つの等温変化（圧縮と膨張）と2つの等エントロピー（断熱）変化（圧縮と膨張）の4つの理論上の準静的なプロセスから成り立っています。

熱効率の最大値は高低の温度差と高温度との比で決まり、カルノー効率と呼ばれます。例えば、外気温度25℃（298K）で、手のひら35℃（308K）の体温エネルギーを利用しようとすると、最大効率は0・3％にしかなりません。しかし、低い効率で得られた微小な電力が役立つ場合もあるのです。

要点BOX
- ●一般の発電は熱を仕事に変える熱機関利用
- ●熱的な乱雑さ（エントロピー）は増大する
- ●最高効率の熱機関はカルノーサイクル

熱機関の原理

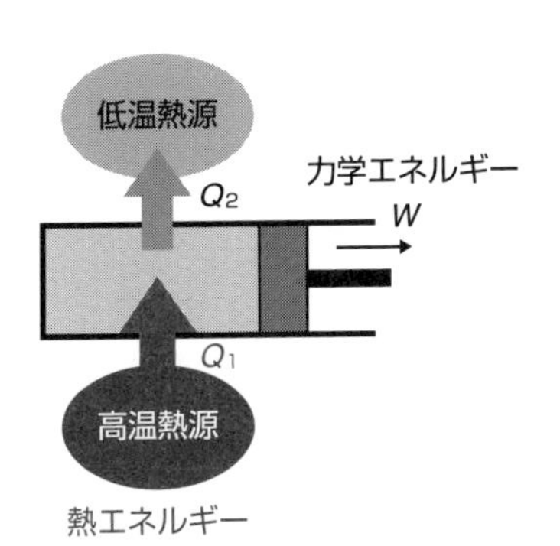

熱が加わると、気体が膨張して外部に仕事をします。

熱効率　$\eta = W/Q_1 = (Q_1 - Q_2)/Q_1$
（第１法則より）

$\eta = 1 - Q_2/Q_1 \leqq 1 - T_2/T_1$
（第２法則より）

熱力学の３法則
第１法則 ＝ エネルギー保存の法則
　エネルギー　$Q_1 = Q_2 + W$
第２法則 ＝ エントロピー増大の法則
　エントロピー　$Q_1/T_1 \leqq Q_2/T_2$
第３法則 ＝ 絶対ゼロ度でエントロピーはゼロ

カルノーサイクル

１８２４年にフランスのニコラ・カルノーが考案

$p-V$(圧力−体積)線図

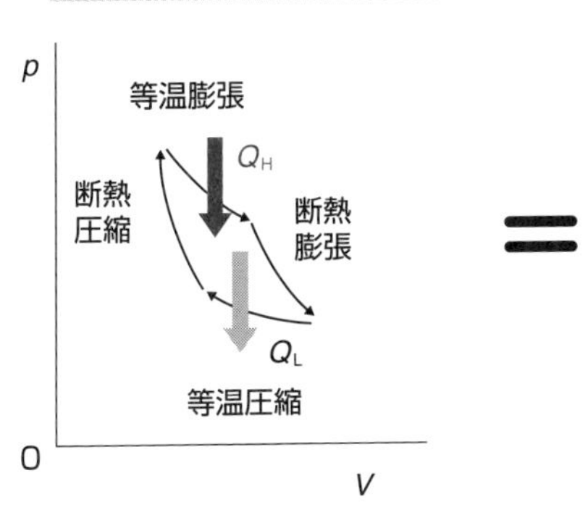

＝

$T-S$(温度−エントロピー)線図

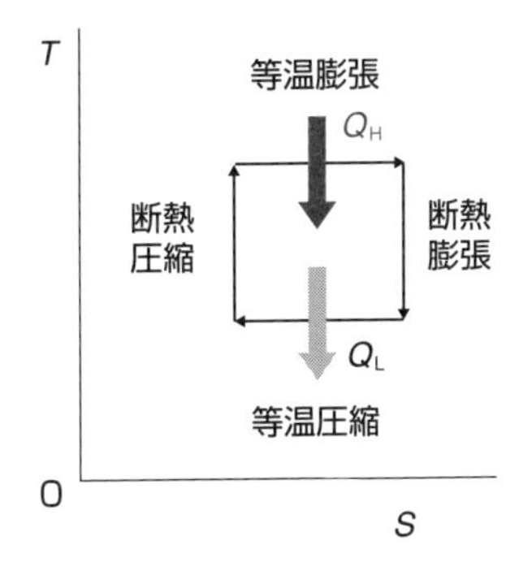

等温条件:
　pV＝一定、または、T＝一定
断熱条件:
　pV^{γ}＝一定、または、S＝一定
　（γは定圧比熱と定積比熱の比）

カルノーの理想効率
$\eta_C = (T_H - T_L)/T_H$

23 環境熱発電のさまざまな方法とは?

熱電の無次元性能指数

熱エネルギーを利用する環境発電（環境熱発電：アンビエントサーマルパワー、あるいは、熱環境発電：サーマルエネルギーハーベスティング）では、変換技術としていろいろな方式が用いられます。高温の物体から低温の物体へ熱のエネルギーが移動することで、そのエネルギーの一部が電気エネルギーに変換されますが、熱の伝達媒体として固体と気体に分けて左ページの図にまとめました。

固体中の熱伝達では、熱を電子の流れに変える方式として、ゼーベック効果による熱電特性を利用した熱電発電24や、異常ネルンスト効果を用いた熱磁気発電25があります。磁性絶縁体と金属膜とでスピンの流れをつくり電流に変換する方式としてのスピンゼーベック発電26や焦電効果によるパイロエレクトリック発電27もあります。それぞれ、電極や導線の取り出しが、熱流の方向である場合と、垂直である場合の特徴的な違いがあります。

空気や真空中でのエネルギー伝達を利用する発電27では、真空中に放出される熱電子を利用する熱電子発電や、熱により放出される光のエネルギーを利用して太陽電池で発電する熱光起電力発電、さらに、音による空気の振動エネルギーに変換しての熱音響発電もあります。

熱電発電とは広い意味では、熱を電気に変えるという意味でこれらのすべてを含みますが、狭い意味では、最も一般的なゼーベック効果による熱電発電のみを意味しています。

ゼーベック素子の効率に関連して、誘起電圧と温度差との比としてのゼーベック係数と電気伝導率をともに大きくし、しかも熱伝導率を低く抑えることで、熱電材料の性能指数Z（単位は絶対温度の逆数）を大きくすることができます。熱電素子の実用化の目安は、性能指数Zと絶対温度Tとの積（無次元性能指数）ZTが1以上であることです。

要点BOX
- ●狭義の熱電発電はゼーベック効果利用
- ●無次元性能指数が1以上が実用化の目安
- ●磁気、スピン流、焦電体、熱電子、光も利用

熱エネルギーの移動と、熱環境発電のいろいろ

●固体中の伝達

熱電発電(ゼーベック発電) 24

発電
高温
低温
半導体

熱磁気発電(異常ネルンスト効果) 25

磁化
強磁性金属

スピンゼーベック発電　26

磁化
スピン流
磁性絶縁体と金属膜

焦電(パイロエレクトリック)発電　27

焦電体

●空気中または真空中の伝達

熱電子発電　27

熱光起電力(TPV) 発電　27

熱音響発電　27

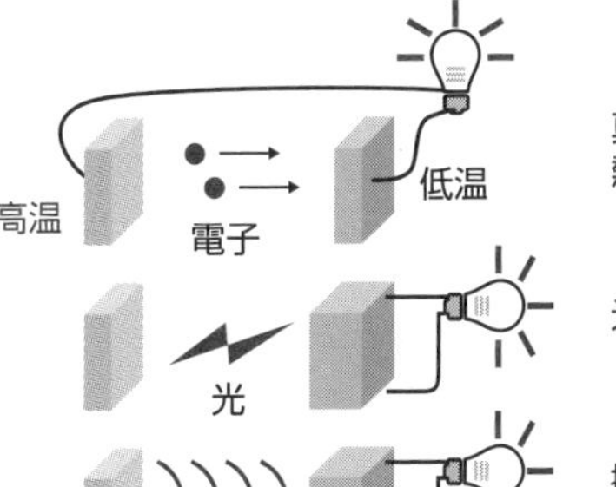

熱電発電の実用化の条件

無次元性能指数　$ZT \geqq 1$

性能指数　$Z = \dfrac{\sigma S^2}{\kappa}$

σS^2：電気性能(出力を上げる)

κ：断熱性能(熱伝導を抑える)

σ：電気伝導率（電気抵抗率ρの逆数）

S：ゼーベック係数＝誘起電圧／温度差

κ：熱伝導率＝熱の流量／温度差

24 熱電発電とは?

ゼーベック効果とペルチェ効果

熱電変換に関して、熱から電気をつくるゼーベック効果と、逆に電気から熱を取り出すペルチェ効果と呼ばれる2つの現象があります。ゼーベック効果は、1821年にエストニアのトーマス・ゼーベックにより発見され、逆の現象としてのペルチェ効果は、13年後の1834年にフランスのジャン・シャルル・ペルチェにより発見されています。

物体を加熱すると、高温部分では、キャリアと呼ばれる負の電荷をもつ自由電子（または正の電荷をもつ正孔）が生まれます。一方、温度の低い部分ではキャリアが発生せず、高温と低温部分ではキャリアの密度のバランスが崩れ、キャリアの流れが生じます。キャリアが冷却低温部分にたまり、飽和することになります。高温加熱部分では、キャリアがなくなり逆の電荷を帯びることになり、高温端と低温端との間で電圧が生じます（**上図**）。

発生する電圧は高温端と低温端との温度差に比例しています。誘起される電圧と温度差との比例係数Sはゼーベック係数と呼ばれ、値が大きいほど良い熱電変換材料となります。実用化の目安は、温度との積である無次元性能指数で表されます23。

熱電発電では、熱電素子として半導体が使われます。キャリアが電子となるか正孔となるかで、発生する電圧の符号が異なります。熱電材料にn型半導体を用いると、キャリアが電子となり、熱流の方向と自由電子の流れは同じとなり、熱流の方向と電圧の方向とは逆となるので、Sが負となります。p型半導体ではキャリアが正孔でSは正となります。n型とp型とをπ（パイ）型に直列接続することで、低温側から2本の導線を引き出すことができます（**下図の上方**）。大電圧、大容量の熱電発電を行うには、n型とp型とを交互に多数直列接続することで、電圧を大きくすることができます（**下図の下方**）。ただし、このモジュール構成では薄型化が困難です。

要点BOX
- ●熱を加えるとキャリアが発生して電圧が誘起
- ●n型半導体ではゼーベック係数は負
- ●パイ型を多数直列接続して大電圧化

ゼーベック効果

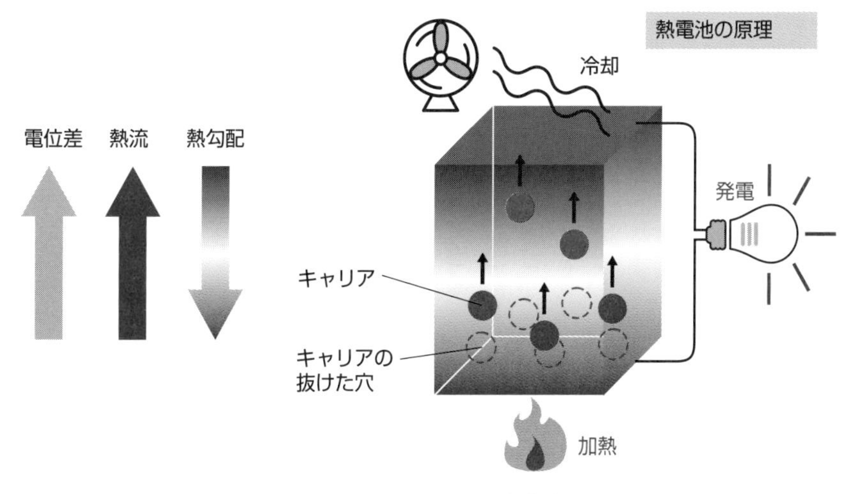

n 型半導体ではキャリアは自由電子
p 型半導体ではキャリアは正孔（ホール）

半導体熱電発電の構成

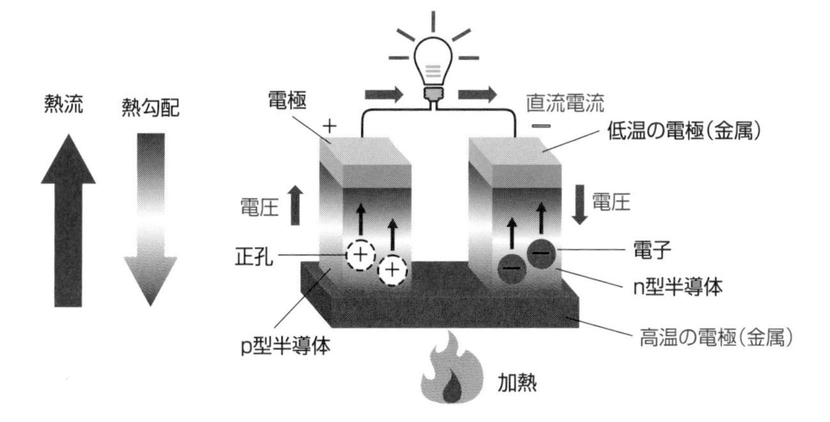

モジュールでの素子の配列

４つのペアの直列接続により
４倍の電圧が得られます。

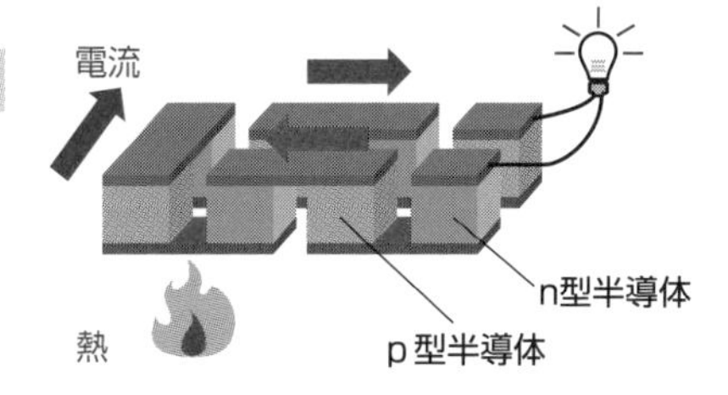

25 熱磁気発電とは?

ネルンスト効果と異常ネルンスト効果

環境負荷の小さい熱電発電としては、ゼーベック効果の他に、磁界が関連するネルンスト効果や異常ネルンスト効果を利用した「熱磁気発電」が開発されてきています。

外部から磁場を加えた場合に、熱流と磁界方向との両方に垂直方向に電圧が発生する現象が「ネルンスト効果」です。一方、外部磁場のかわりに磁性体の内部磁化を利用する現象が「異常ネルンスト効果」です。強い外部磁場の環境のもとではネルンスト発電が可能ですが、小型の環境発電には磁性体での異常ネルンスト効果を利用する発電が有用です。

異常ネルンスト効果は、磁性体に熱流がある時に、温度勾配と磁化の両方ともに垂直となる方向に電界が生じる現象です。通常の半導体による熱電発電としてのゼーベック効果では温度勾配と電界が同じ方向となり1次元的な構造であるのに対して、異常ネルンスト効果では熱流、磁化、電界がそれぞれに垂直な3次元構造となります(上図)。

異常ネルンスト発電では、ゼーベック発電の場合に必要な立体的で複雑なパイ型素子の構成は不要となります。磁化の方向を正と負とに交互に異なる素子を平面的につなぎ合わせていくことで、高電圧をつくることができるので、環境発電素子として薄膜化が可能です(下図)。これは次項で説明するスピンゼーベック発電も同様です。縦方向に磁化している磁性体を円柱中心の熱源などにラセン状に巻きつけることで、円周方向に生まれる異常ネルンスト効果により発電も可能となります。従来型のゼーベック発電のような複雑な電極は不要となり、3次元的な熱源から放射される熱エネルギーを回収するための薄膜化や大面積化が容易です。素子の接合によるエネルギー損失も少なく、熱電効率も高いことが確認されています。発電容量も大きく、安価で量産可能な環境発電素子の開発に期待が集まっています。

要点BOX

- 外部磁場によるネルンスト効果と磁性体内部磁化による異常ネルンスト効果
- 熱磁気発電は素子構成が単純で薄膜化容易

ゼーベック発電と異常ネルンスト発電

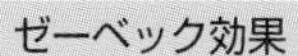

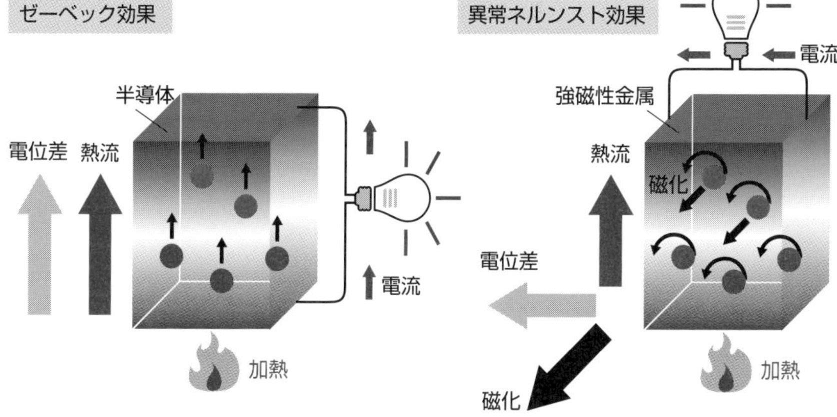

ネルンスト効果：外部印加の磁界
異常ネルンスト効果：磁性体の磁化

発電素子の配列(モジュール化)

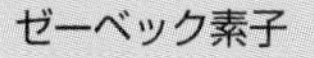

平板型

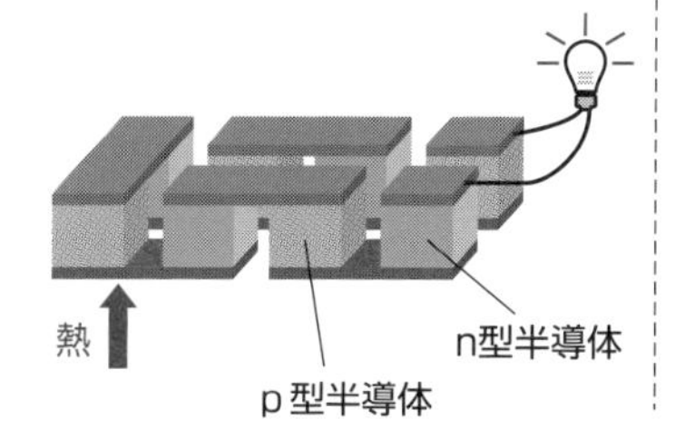

異常ネルンスト素子

薄い平板型

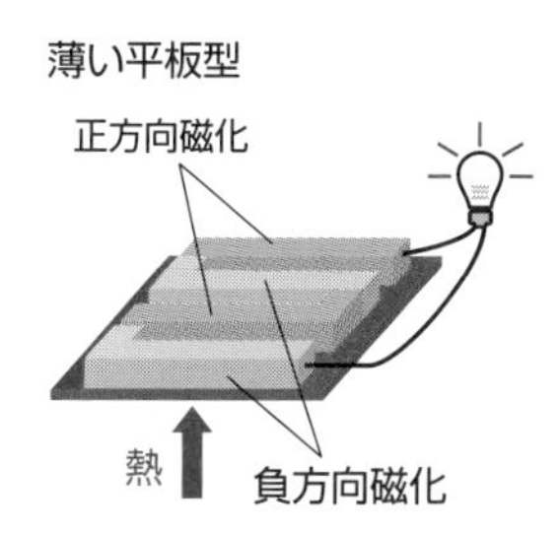

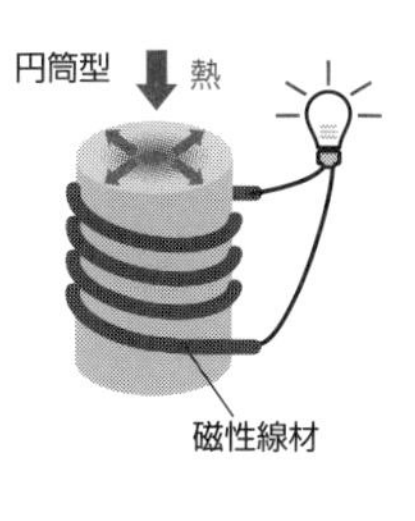

利点：モジュールを薄くしたり、
円筒状にすることが可能

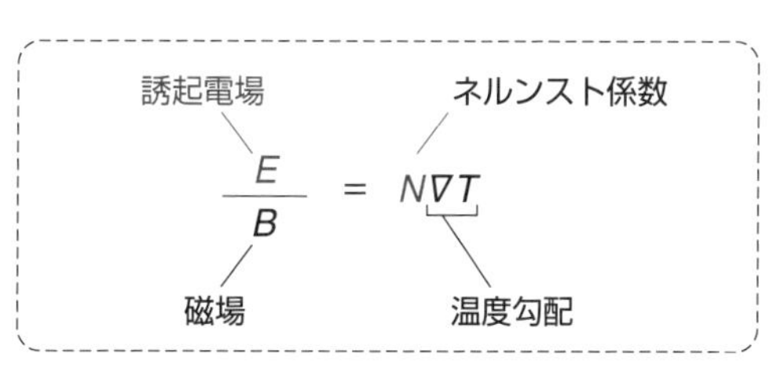

$$\frac{E}{B} = N\nabla T$$

26 スピンゼーベック発電とは?

スピン流から電流へ

電子の持つ電荷の流れが電流ですが、この電子の流れの制御技術がエレクトロニクス(電子工学)とよばれます。一方、電子自体には磁気を作り出すスピンも持っており、電荷とスピンの両方を応用する技術が「スピントロニクス」とよばれています。この技術は、パソコンのハードディスクなどに応用されてきています。

スピンの流れ(スピン流)とは物質中の磁気の角運動量の流れのことであり、電荷の流れである電流に似た働きをすることが知られています。一般的な熱電効果(ゼーベック効果)では熱流から電流をつくりますが、スピン流を用いた発電では、「スピンゼーベック効果」を利用して熱流からスピン流をつくり、「逆スピンホール効果」によりスピン流から電流をつくります(上図)。

スピンゼーベック発電では、絶縁物としての強磁性体と金属としての常磁性体の接合部分に温度勾配を付けると、接合界面近傍にスピン流が誘起され、これにより電流がつくられます。磁性絶縁体内ではスピンの波動が伝わり、金属薄膜にスピン流を誘起します。正のスピンの電子と逆のスピンの電子との軌道の違いから電圧が生まれ、発電が可能となります(下図)。

スピンゼーベック発電では、従来型のゼーベック発電のようなπ(パイ)型の形状を多数組み合わせた複雑な電極構造が不要となり、非常に単純な構造ですむ利点があります。また、生成される電場は、ゼーベック効果では温度勾配の方向であるのに対して、スピンゼーベック効果では温度勾配と磁石の磁化の方向のいずれでもない第3の方向になり、柔軟な設計が可能となります。実際の構造では、酸化物磁性絶縁物に金属薄膜を接合したスピン熱電発電素子が開発されており、安価で発電効率の高い次世代の熱電変換技術として注目されています。

要点BOX
- スピンゼーベック発電では、熱勾配によるスピンの流れと電荷の流れとの両方を利用
- 酸化物磁性体に金属薄膜を接合した熱電素子

熱流、電流、スピン流の変換

熱流
電流
スピン流
ゼーベック効果
ペルチェ効果
スピンペルチェ効果
スピンゼーベック効果
スピンホール効果
逆スピンホール効果

熱流 → 電流
半導体構造

熱流 → スピン流 → 電流
磁性体と金属の接合構造

スピンゼーベック発電のしくみ

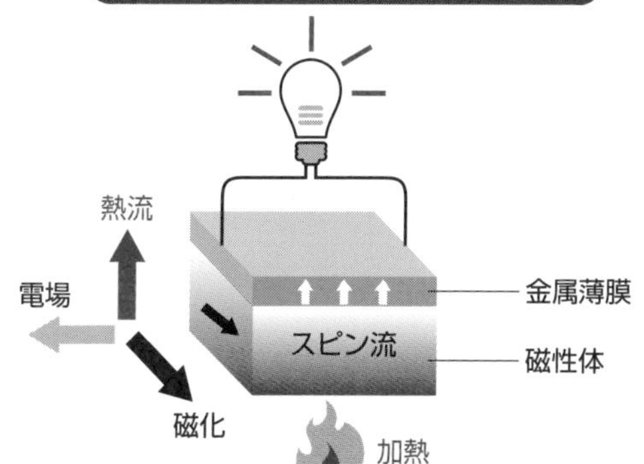

スピンゼーベック効果（熱流からスピン流の生成）

温度勾配により磁気モーメントの歳差運動が起こり、スピン流が生まれます。

スピン流
金属薄膜
磁化
スピン波
磁性絶縁体
加熱

逆スピンホール効果（スピン流から電流の生成）

スピン波がスピン流として金属薄膜に伝わり、電子を移動させ、電圧が生まれます。

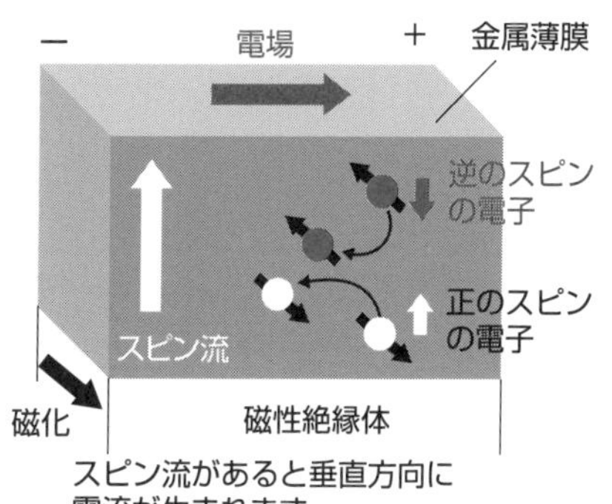

スピン流があると垂直方向に電流が生まれます。

27 その他のいろいろな熱発電は?

熱光起電力、熱電子、焦電体

熱を電気に変換する方法として、これまで述べた方式の他にいろいろな発電方式があります。

熱源からの熱流を熱放射板に加え、そこから放射される電磁波をフィルターを通して光電変換（PV）セルに入射して発電する方式は、「熱光起電力（TPV）発電」と呼ばれています。太陽光と異なる高温物体から放射される放射光のスペクトルに合うPVセルが用いられ、どのような熱源にも活用できます。

高温の金属の陰極（エミッタ）から真空中または低圧ガス中に熱自由電子を放出させて陽極（コレクタ）で集めて発電する「熱電子発電」も利用されています。電子の放出を妨げる空間電荷を中和するために、セシウム蒸気が用いられます。

力を加えると電圧が生まれる圧電効果がありますが、同様に、熱を加えて発電できる焦電効果を利用した「焦電発電」もあります。圧電も焦電も発電の原理は基本的に同じであり、結晶構造での電気分極に変化により電気分極が生じ、電圧が発生します。圧電体の中でも、電気石（トルマリン）、タンタル酸リチウムなどでは、温度変化により電気分極が変化します。この発電では、温度勾配があっても一定になると焦電効果は消えてしまいます。これは通常の熱電（ゼーベック）効果と異なる点です。

左ページの図には示されていませんが、熱から音をつくるのに外燃機関としての熱音響エンジンもあります。自動車の内燃機関としてのエンジンのような可動部分はないので、安価で長寿命です。この流体の振動エネルギーとしての音を、マイクロフォンの原理を用いて電気に変えるのが「熱音響発電」です。熱によりバイメタルを変形させて圧電素子により発電する方式や、形状記憶合金を利用する方法もあります。最近では、熱電材料の量子効果を利用した量子ドット発電も開発が進められています。

要点BOX

- ●熱による放射光利用の熱光起電力発電
- ●熱による熱電子放射を利用する熱電子発電
- ●焦電効果は熱による結晶の電気分極

熱光起電力(TPV)発電のしくみ

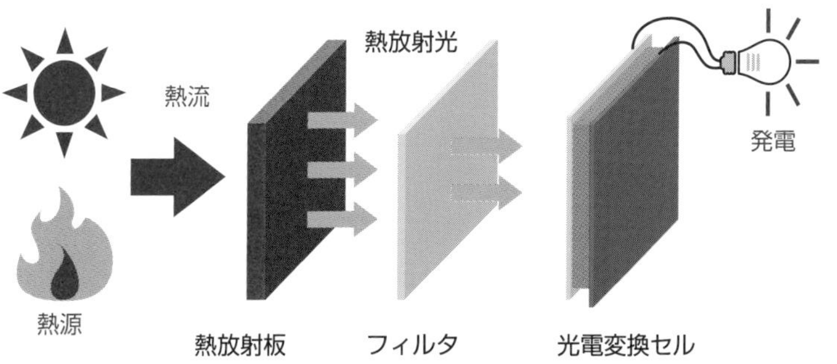

熱電子発電のしくみ

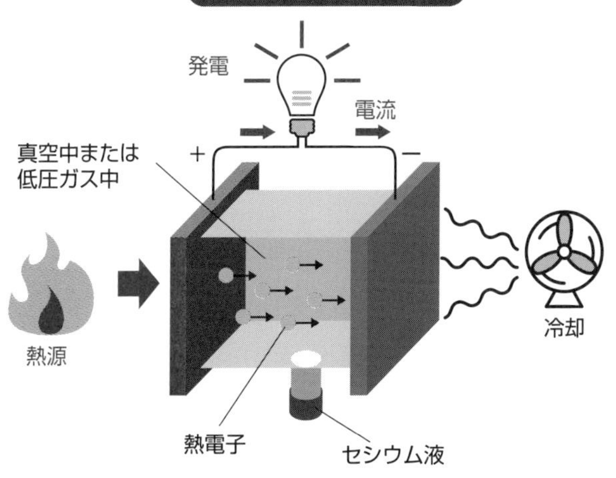

圧電(ピエゾ)体と焦電(パイロ)体の比較

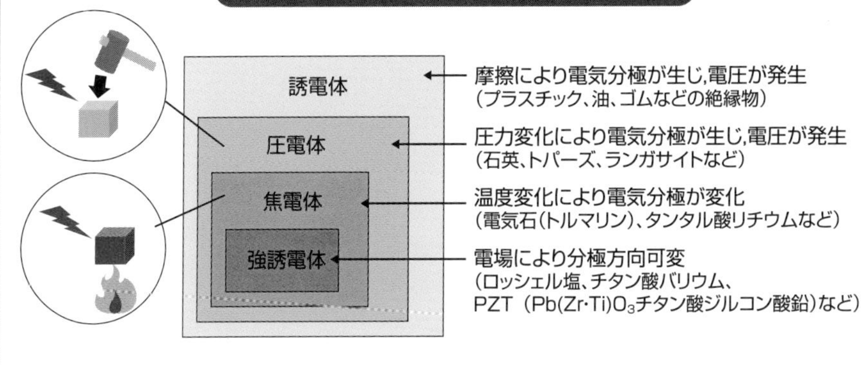

28 熱環境発電の応用事例!

発電鍋と原子力電池

熱エネルギーによる環境発電（熱エネルギーハーベスティング）の実用的な事例として「発電鍋」や「発電キャンプストーブ」などがあります。3・11の大震災以降は、夜間も照明、暖房、発電として利用できる防災用品として販売されています。

煮炊きすると発電することができる「ワンダーポット」と呼ばれる発電鍋は、二重底の内側に熱電変換素子が組み込まれています（**上図**）。この鍋に水を入れて火にかけると、火の温度が500℃ほどであるのに対して、鍋の内側は100℃となるので、鍋の内と外で生じる温度差を利用して熱電変換素子により電気を起こすことができます。発電鍋の大きさに応じて7～30ワットの出力が得られ、スマートフォンの充電やLEDライトの点灯などに使えます。

キャンプ用品として、バイオライトの「キャンプストーブ」もあります（**中図**）。燃焼→発電（蓄電）→ファン送風→燃焼→のサイクルで効率的に焚き木を燃焼させて、同時に熱電発電も行われます。最大5ボルトで3ワットの発電された電力はリチウムイオン電池に充電しながらファン回転に利用され、この余剰電力でUSB端子でのLEDランプの点灯やスマホの充電が可能となります。この商品は、モンベルなどのオンラインショッピングで販売されており、防災用品としても注目されています。

より一般的な熱電発電自立電源ユニットも販売されています（**下図**）。ケルクの「熱電発電自立電源ユニット」では、最大出力4ワットの電力がUSBの出力ポートを通じて利用できます。

太陽光が利用できない場合には、これらの熱エネルギーの利用が有効です。火星探査機キュリオシティ62でも熱電変換を利用した原子力電池が使われています。太陽圏を離脱して恒星間を航行している無人宇宙探査機ボイジャー2号の電源にも、原子力電池が使われています。

要点BOX

- ●燃焼熱による発電鍋でスマホの充電
- ●放射性同位元素からの放射線エネルギーを熱源とする原子力電池

キャンプや防災用に役立つ発電装置

発電鍋

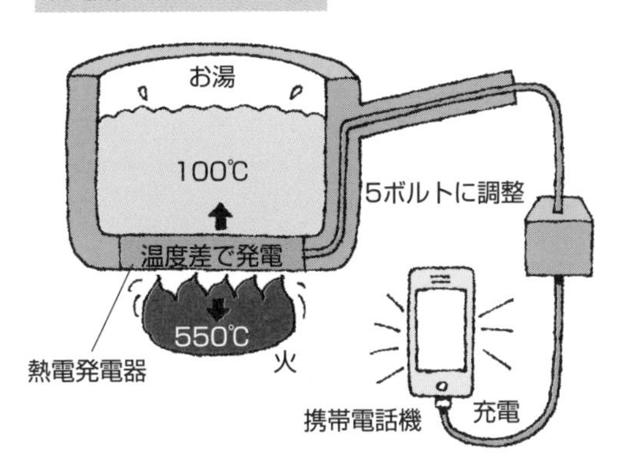

ワンダーポット30（商品名）
ブランド名：TESニューエナジー

出力　３０W
１２V（シガーソケット）
５V（USBコネクタ）
（かつてはオンラインショップで販売）

キャンプストーブ

BioLite（バイオライト）キャンプストーブ２（商品名）

焚火と発電（燃焼→発電→ファン回転→燃焼）
2,600mAhリチウムイオン電池を内蔵
持続可能最大５Vで３W
USB端子でLEDランプ点灯やスマホ充電などが可能

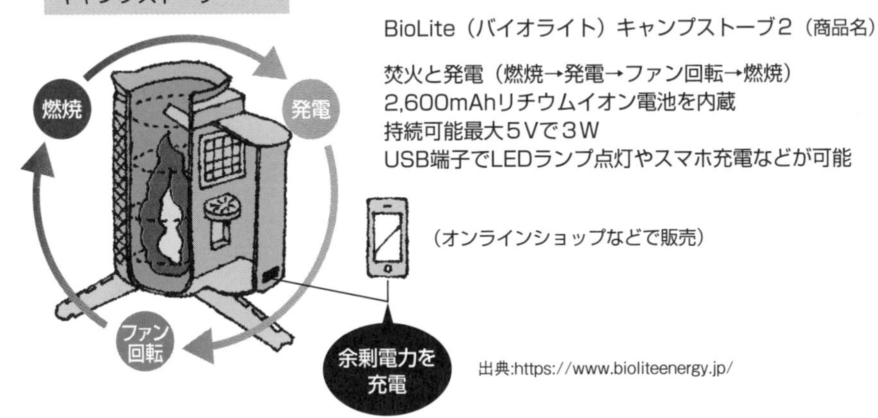

（オンラインショップなどで販売）

出典:https://www.bioliteenergy.jp/

熱電発電ユニット

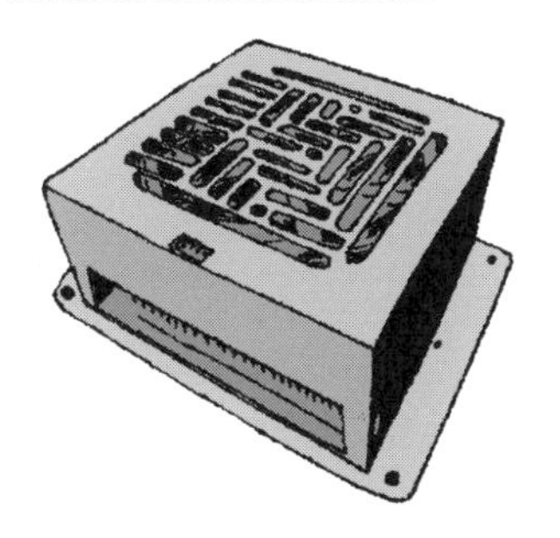

熱電発電自立電源ユニット

メーカー：ＫＥＬＫ（ケルク）

暖房器具などに取り付け
受熱板最高温度２２０℃
最大出力４W
出力ポートはＵＳＢ

（オンラインショップなどで販売）

Column

砂の惑星で生き抜く?
映画『デューン／砂の惑星』(1984年、2021年)

SF小説『デューン』は、遥か未来の宇宙帝国での救世主による革命のドラマを描いています。

人類が地球以外の惑星に移り住み宇宙帝国を築いていた西暦1万190年の未来。皇帝は、宇宙を支配する力を持つ秘薬が生産される砂の惑星アラキス（通称デューン）の支配をもくろみ、秘薬の採掘権を持つハルコンネン家と結託して、アトレイデス家を滅亡させ、秘薬と惑星を手中にします。アトレイデス公爵の息子ポールは原住民の救世主として目覚め、帝国に対して戦いを決意します。革命の理念やイスラム・アラブ文明での宗教観にも関連しています。

惑星アラキスの砂漠で生き延びるためには、住民はスティルスーツ（保水スーツ）を身につけます。スーツはろ過装置と熱交換装置で構成されており、汗は第1層を通過し第2層で集められ、塩分を分離します。呼吸と歩行がポンプの役目をします。回収水は保水ポケットに貯蔵され、排泄物はパッドで処理します。このスーツで、砂漠でも生きられことになります。

歩行や熱によるウェアラブルデバイスによる環境発電は、現在でも開発されてきています。人体発電59や、尿発電46、生物の体液発電44などにより、人体エネルギーを電気エネルギーに変換することができます。

なお、原作『DUNE』は物語の複雑さや重厚さから映像化が困難な小説とされてきましたが、ジョージ・ルーカスの『スター・ウォーズ』などに影響を与えたとされています。2021年に再映画化されました。

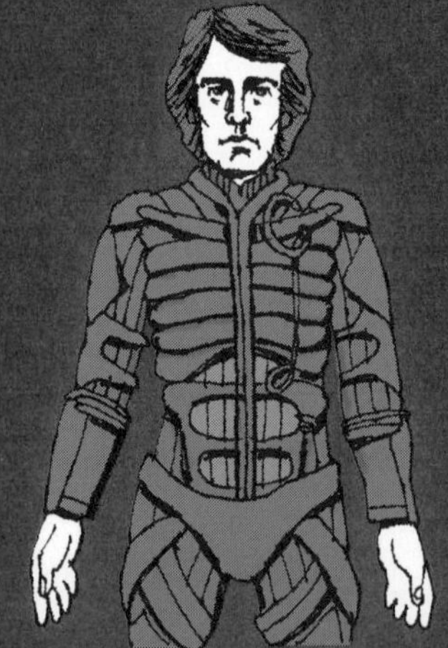

砂漠で生き抜くための
スティルスーツ

『デューン／砂の惑星』
原題:Dune
原作:フランク・ハーバート(1965年)
製作:1984年　米国
監督:デイヴィッド・リンチ
主演:カイル・マクラクラン
配給:ユニバーサル映画

第5章

光の環境発電とは？

29 光の正体とエネルギーは?

高エネルギーは高周波数

　光は、聖書に「光あれ」とあるように、古くから宇宙開闢、光と影、光明と暗黒の象徴として記述されてきました。太陽の光は、明るさと同時に暖かさを私たちに与えてくれます。光の正体に関してはいろいろな説がありました。トーマス・ヤングの複スリットによる干渉実験により光が波であることが明確化され、アルベルト・アインシュタインにより光子の光電効果が解明され、光は「波」と「粒子」の二重の性質を持っていることが明らかとなりました(上図)。

　私たちは、太陽光を感じることできますが、エネルギーの高い真空紫外線やエネルギーの低い遠赤外線を見ることができません。環境発電で用いる太陽電池で光のエネルギーを有効に利用するには、太陽光の強度の波長依存性を理解する必要があります。

　太陽の光は、内部での核融合反応で生成され、エネルギーが何百万年も経て太陽表面に到達し、地球に届いています。その光のエネルギー分布は、表面温度6千度のプランクの放射則で表すことができます(中図)。実際に地球に届く光は地上の大気により減衰します。

　可視光を含めて電磁波にはいろいろな種類があります(下図)。波は定位置で観測した時の山から谷を経て山になる単位時間あたりの回数としての振動数(周波数)か、または、定時刻での山から山への距離(波長)のどちらかで区分できます。波の速さは周波数と波長との積で表され、真空中では常に一定の速さ(光速、毎秒30万キロメートル)です。電磁波の強度は波の山の高さ(振幅)に比例しますが、そのエネルギーは、波の振幅ではなく、波の周波数に比例します。周波数が高い程、あるいは波長が短い程、エネルギーが高くなり、電波からガンマ線に分類されます。例えば、緑色の可視光では波長はおよそ500nmで1ミリメートルの2千分の1で、周波数はおよそ600THzで1秒間に6百兆回振動する波なのです。

要点BOX
- ●光は波(電磁波)と粒子(光子)の二重性
- ●光のエネルギーは周波数(波長)で決まる
- ●太陽光は6千度のプランクの放射則で近似

光は波であり粒子

波動性　電磁波で横波　　【参考】音波は縦波（圧縮波）

粒子性　質量はゼロ

太陽光の強度の波長依存性

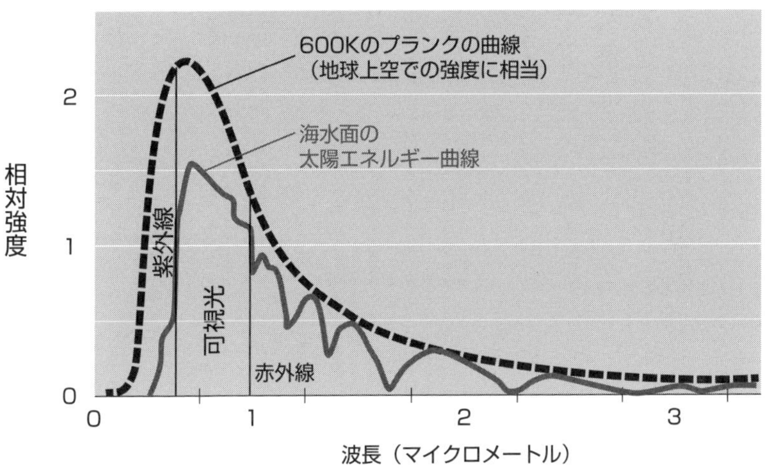

いろいろな電磁波

電磁波のエネルギーは周波数（または波長の逆数）に比例しており、
電磁波を周波数で分類できます。

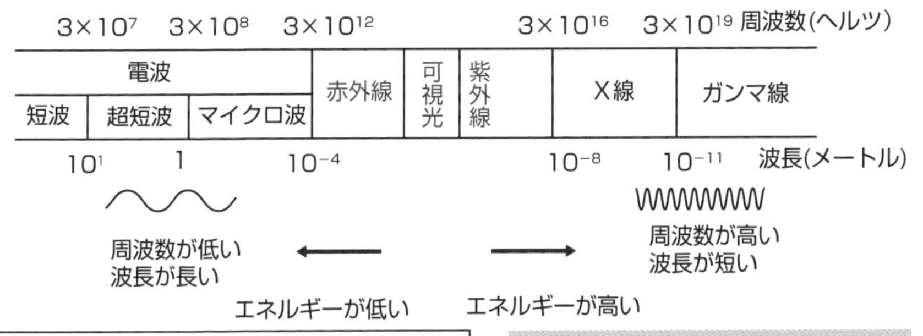

周波数(ヘルツ)：3×10^7　3×10^8　3×10^{12}　3×10^{16}　3×10^{19}

電波			赤外線	可視光	紫外線	X線	ガンマ線
短波	超短波	マイクロ波					

波長(メートル)：10^1　1　10^{-4}　10^{-8}　10^{-11}

速度＝波長（メートル）×周波数(ヘルツ)
　＝一定（30万キロメートル毎秒）

周波数　THz：テラヘルツ、10^{12} Hz
波長　nm：ナノメートル、10^{-9}m

30 光エネルギーの利用は?

単位はカンデラ、ルーメン、ルクス

光のエネルギーを利用した環境発電を考えるには、第一に光エネルギーの強さ示す単位を理解する必要があります。光のエネルギーの強さの単位として、光源の強さとしてのカンデラと、照度としてのルクスがあります。利用の観点からは、照度に面積を掛けた光の量としての光束ルーメンの単位が重要です。

カンデラは光の光源の強度（光度）を示す単位であり、国際単位系（SI）の重要な7つの基本単位の一つです。ラテン語の「ローソク」の意味であり、ローソク1本の光度に由来しています。たとえば、自動車のヘッドランプは1万5千カンデラ以上と定められています。

ルーメンは光源から放出される光の束（光束）を示す単位であり、「全ての方向に対して1カンデラの光度の点光源が1ステラジアンの立体角内に放出する光束」です。ここで、全球の立体角は4πステラジアンなので、1カンデラのからの全光束は12・6ルーメンです。ラテン語の「昼光」が由来です。

ルクスは光の照度の単位であり、1平方メートルの面が1ルーメンの光束で照らされる時の照度と定義されており、ラテン語の「光」が由来です。

日中の日なたでの太陽からの照度はおよそ10万ルクスであり、日陰ではその数十分の1になります（下図）。環境発電の素子が設置される高速道路や橋の側面、室内の窓際では数千ルクスであり、室内ではおよそ数百ルクスです。室内での照明を含めた光環境エネルギーの利用が微小電力の発電に利用できます。

照度は、人間が感じる光の明るさであり、光のエネルギーを直接示す量ではありません。利用できるエネルギーを算定するには比視感度曲線や発電効率の波長依存性などを考える必要があります。可視光の中心の緑の光では、1平方メートルに千ルクスの光の照度は1・5ワットになります。

要点BOX

- ●光度カンデラ、光束ルーメン、照度ルクス
- ●緑の光は1m^2で1ワットは683ルーメン
- ●日なたは10万ルクス、日陰で1万ルクス

光度と照度

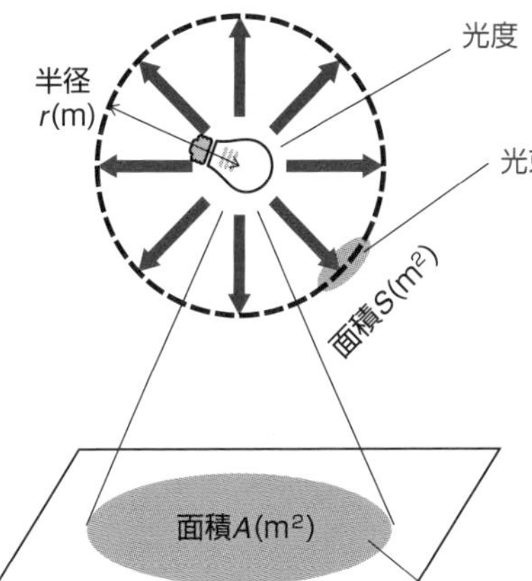

光度　カンデラ（cd）
光の強さ

光束　ルーメン（lm）
光の量

等方的に放射する点光源の場合
全光束(lm) = 光度(cd) ×4 π
r(m)での面積S(m²) では
光束(lm) = カンデラ(cd)×S／r^2
1 lm = 1 cd x 立体角（st）

照度　ルクス（lx）
照射面の明るさ

波長555 nmの光では
1 lx は1.46 mW/m²

照度（lx）＝光束／面積A
1 lx＝1 lm/m²

身のまわりの光環境エネルギー

日なた
10万ルクス

日かげ
5千～1万ルクス

室内
窓際で数千ルクス
室内で数百ルクス

31 光発電の原理は?

内部光電効果(光起電効果)

光による発電の原理は、光電効果の発見から始まります。光が波動(光波)か粒子(光子)かの論争にも関連して、アインシュタインが提唱した光電効果です。光電効果には、外部と内部の2つのメカニズムがあります(上図)。電磁波としての光子から電流を担う電子への変換は、金属などに外部的に光を照射すると電子が飛び出す外部光電効果を利用できます。真空中に飛び出す光電子を発電に利用することができるのです。一方、電子が励起状態の軌道に移動することで、この電子を利用することができます。これは内部光電効果として、半導体や絶縁体での光起電効果を利用します。一般に、金属などの電気の通しやすい物質を導体と呼び、ガラス、油などの電気を通しにくい物質を絶縁体と呼びますが、どちらともいえない中間の物質が半導体です。シリコン(原子番号は14)やゲルマニウム(原子番号は32)などがあり、真性半導体と呼ばれています。

真性半導体は導電性があまり良くないので、不純物を添加した不純物半導体が用いられます。シリコンは4個の価電子(原子の外側の電子殻の電子)による共有結合(お互いに価電子を利用しての化学結合)によりつくられており(中図)、5個の価電子を持つヒ素を少し混ぜると、電子が1個余り、負の電荷をもつ伝導電子を作ることになります。これがn型半導体です。また、3個の価電子をもつガリウムを混入すると電子が1個足りなくなり、正の電荷をもつ正孔が作られます。これがp型半導体です。

通常の太陽電池はp型とn型を接合したシリコン半導体で構成されており、太陽光が照射されると、接合部分に負の電気と正の電気が生成されます(下図)。負の電気はn型シリコンへ、正の電気はp型シリコンに分離され、電極に電圧が誘起されます。これに外部負荷としての電球を接続すると電流が流れ、電球が点灯するしくみです。

要点BOX

- ●半導体に光を当てると電子が励起される
- ●ヒ素を入れてn型、ガリウムを入れてp型
- ●太陽電池はn型とp型を接合した半導体

光電効果

外部光電効果

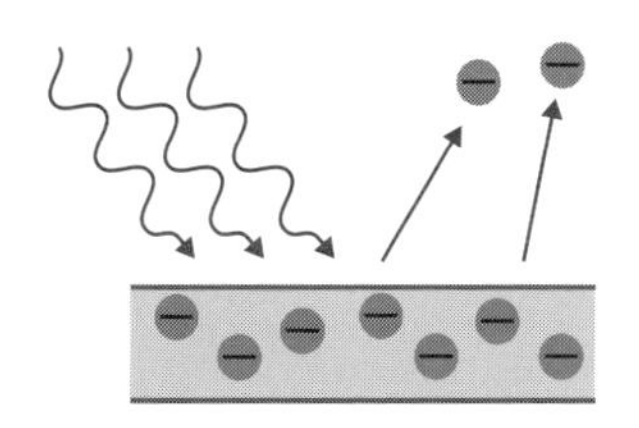

金属等に光を照射すると
光電子が飛び出します

内部光電効果

光起電力効果
光電池(太陽電池)

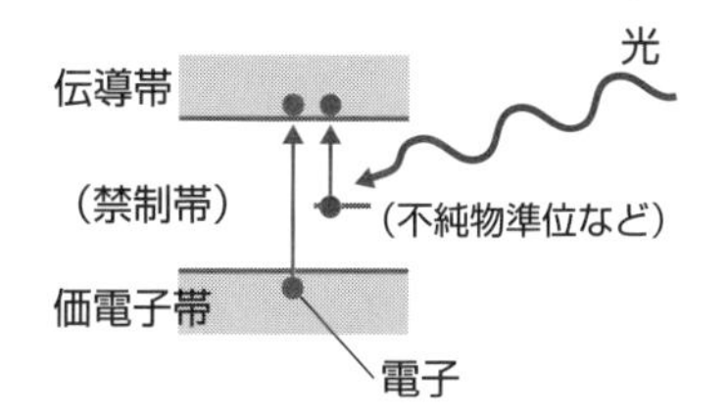

半導体や絶縁体に光を照射すると
電子が励起されます

不純物半導体

n型半導体

電子が多くマイナスになりやすい半導体

p型半導体

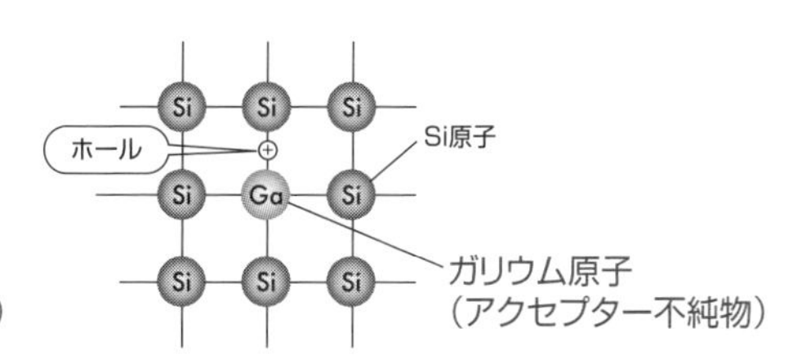

正孔が多くプラスになりやすい半導体

太陽電池のしくみ

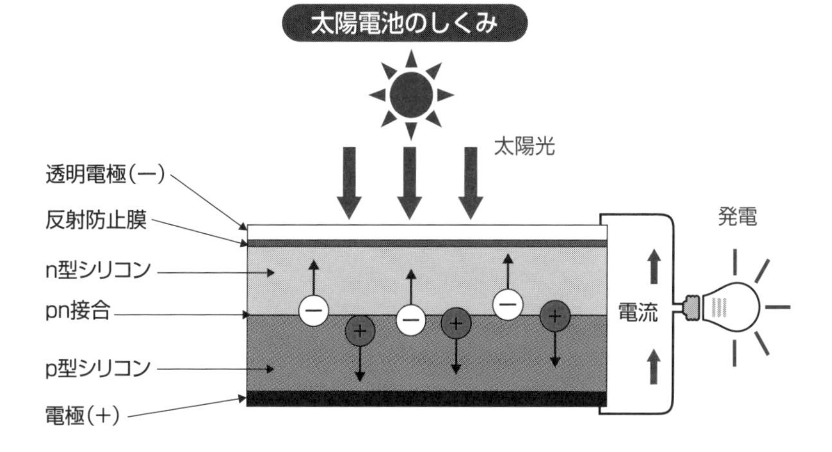

32 太陽電池はいろいろ?

シリコン系、化合物系、有機系

太陽電池にはいろいろな種類があります。分類には、材質（シリコン型と非シリコン型）、厚み（通常の結晶型、薄膜型）、接合数（単接合型、高効率多接合型）、動作原理（ｐｎ接合型、色素増感型、量子ドット型など）での分類が可能です。

通常の太陽電池に用いられるシリコンは地中には二酸化ケイ素の形で多量に存在しますが、太陽電池ではシックス・ナイン以上（99・9999％以上）の高純度のシリコンが必要で、高価で希少材料です。

太陽電池は、材料面からは上図のように分類できます。結晶シリコン系として、単結晶型と多結晶型があります。多結晶型はモジュール変換効率が低いものの製造価格を低くできるので、現在までの主流となっています。微結晶シリコンや非結晶体のアモルファス（非晶質）シリコンでは薄膜化され、シースルー型の大面積太陽電池の製造が可能となります。

シリコンを用いず、いくつかの元素を混ぜ合わせて同じような半導体を作ることが可能であり、化合物系太陽電池と呼ばれています。モジュール変換効率は結晶シリコンの場合の半分ほどですが、シリコンに比べて放射線に対して影響が少ないので、人工衛星などに用いられてきました。

その他、有機系として、光合成の仕組みを利用した色素と電解質を用いた色素増感型や、有機半導体型があり、柔らかくてカラフルで安価な太陽電池として商品化されています。理論効率の高い量子ドット太陽電池の開発も進められています。

太陽電池は、これまで第1世代としての高効率の結晶シリコンが使われてきましたが、高価な高純度シリコンの使用量を抑えた薄膜シリコンや化合物系としての第2世代太陽電池も普及してきています（下図）。今後、第3世代の有機系や量子ドット系の太陽電池の開発が進み、高効率化と低価格化が進み、市場シェアが増大すると予想されています。

要点BOX
- ●アモルファスなどの薄膜シリコンで低価格化
- ●化合物系で耐放射線性能の向上
- ●有機系で柔らかくてカラフルで安価に

太陽電池の材料による分類

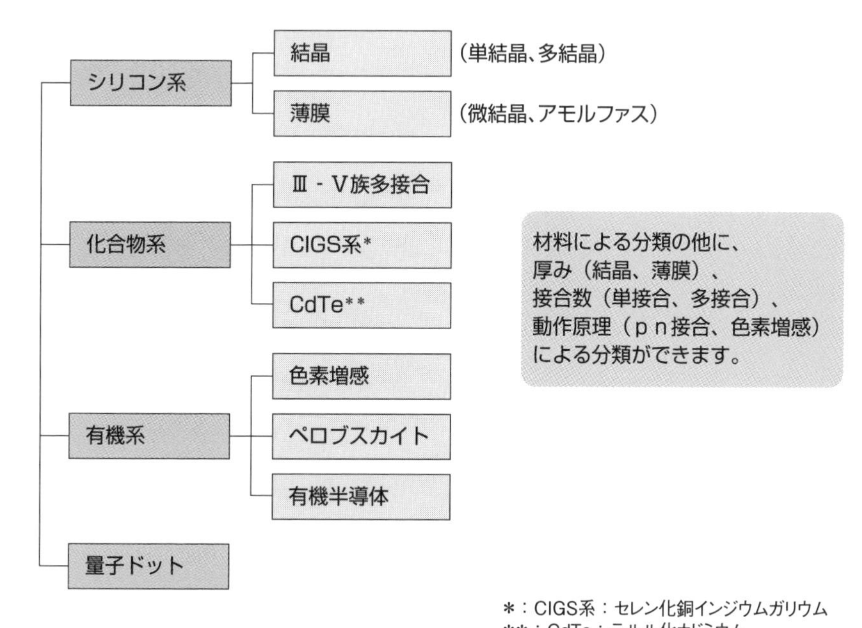

太陽電池のシェア推移の予測例

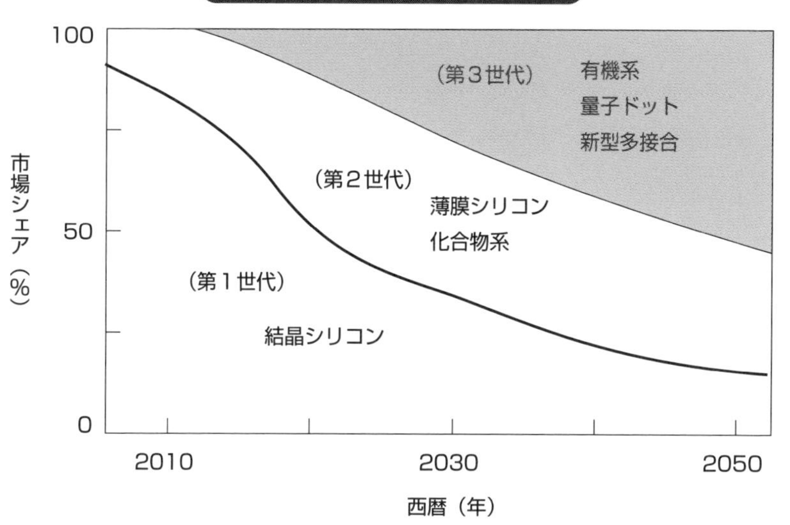

33 環境発電に適した太陽電池は?

色素増感型

　通常の太陽光発電では、系統につなげるために周波数や電圧の安定性が重要になります。一方、光環境発電では独自の発電システムとなり、柔軟な設計が可能となります。しかし、コスト低減と信頼性向上が課題です。特に、照度の低い光に対しても発電効率が比較的良好である必要があります。

　環境発電用として注目されているのは色素増感型太陽電池です。植物は光合成により栄養分をつくります。これと同様に、光から電気をつくる色素と電気を運ぶ電解質とガラス電極との3つを組み合わせて太陽電池が作られます。ほとんどの太陽電池がpn接合型による半導体の光物理メカニズムを利用するのに対して、増感剤(色素)により光励起状態の電子を移動させる光化学反応を用いる太陽電池です。

　その構造は、透明導電性ガラス電極と白金の対極との間に、酸化物半導体である二酸化チタンの微粒子膜と、ルテニウム錯体(ルテニウムの分子性化合物)と呼ばれる増感色素、それにヨウ素を主成分とした酸化還元電解質溶液とを挟み込んだ形です(上図)。太陽光が透明ガラス電極に当たると、二酸化チタンに吸着された色素が光を吸収し、電子を放出します。電子は外部回路に流れて陽極からヨウ素イオンの電解質を通り、色素へと戻り電流となります。

　この色素増感型はスイス・ローザンヌ工科大学のグレッチェル教授が考案したものであり、グレッチェル電池とも呼ばれています。1991年に光電変換効率10%の達成を発表していますが、理論的に33%まで変換効率を高められる可能性があります。

　色素増感型太陽電池のコストがシリコンの多結晶に比べて十分の1ほどで安価であることが特徴です(下図)。しかも、室内照明に対しても効率の低下はありません。欠点としては、液体の電解質を使うので耐久性に課題があげられていましたが、現在は固体の色素増感型電池も開発されてきています。

要点BOX

●色素増感型太陽電池はpn半導体型と異なり、光励起による電子移動の光電気化学電池
●安価でカラフル、理論効率は33%

色素増感型太陽電池のしくみ

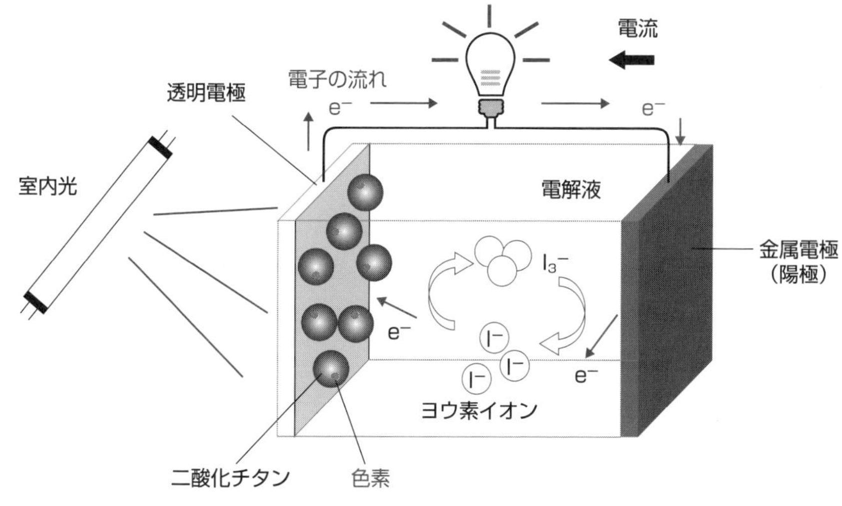

太陽光が透明ガラス電極に当たると、二酸化チタンに吸着した色素が光を吸収し、電子を放出します。

色素増感型とシリコン型との太陽電池の比較

	色素増倍		シリコン(多結晶)
	固体	液体	
効率(最大)	10%	11%	18%
	◎室内照明で25%		室内照明で10%以下
耐久性	安定	やや不安(液漏れ)	長期
コスト	◎安い(シリコンの1／10ほど)		高い

色素増感型の現在の課題は、変換効率を向上させることです。

34 スマートグッズでの環境光発電の事例!

スマートマウス、スマートセンサ

環境発電として太陽光エネルギーの利用は幅広く用いられています。室内でも照明光などで発電利用がなされています

歴史的には、1970年代にソーラー電卓やソーラー腕時計がつくられました。電卓の表示板がLEDから液晶に変わり、回路の半導体集積化が進んで低消費電力化されて、ボタン型電池も不要な光電池が利用されるようになりました。風変わりな事例として、太陽光発電ブラジャーもあります（**上図**）。下着メーカーから、2008年にソーラーパネルと電光掲示板を搭載した非売品として発表されています。

スマートグッズとしての事務用品として、室内光で発電するマウスがあります（**中上図**）。使い捨ての電池が不要であり、環境にやさしいスマートマウスです。このマウスでは、室内光でも効率良く発電できる固体型色素増感光電池33が搭載されています。

光発電による環境センサも販売されています（**中下図**）。実例として、固体型色素増感型の太陽電池を搭載した環境センサがあります。温度・湿度・照度のほかに気圧や内蔵リチウムイオン電池の電圧値も測定し、ブルートゥースによる短距離無線通信で中継器にデータを送り、遠隔通信のワイファイで中央のパソコンで管理できるシステムです。センサの設置には電気工事も配線工事も不要であり、電池交換も不要の環境にやさしいセンサシステムです。

光電池によるビーコン（Beacon）も活用されています。ビーコンとは「のろし、灯台」の意味であり、半径数十メートル範囲に低消費電力の近距離無線技術BLE（Bluetooth Low Energy）を利用して定期的に信号を発信する位置特定技術です（**最下図**）。ポケモンGOにも使われています。室内の200ルクスでも発電できる光環境発電によるビーコンの信号をスマホなどで受けて、奈良の東大寺での観光ガイドの実証実験もなされました。

要点BOX
- ●色素増感光電池での室内光発電によるマウス
- ●光発電による環境センサ
- ●光発電ビーコンによる観光ガイド

光発電の歴史的グッズ

ソーラー電卓(1970年代)
ソーラー腕時計(1970年代)
太陽光発電ブラジャー(非売品)(2008年)

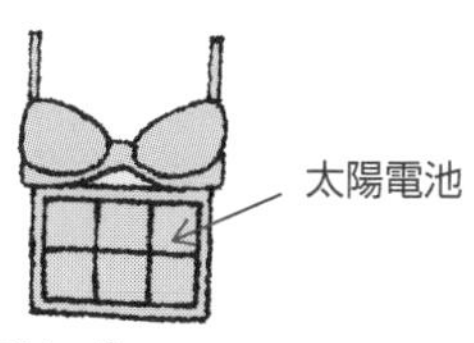

出典：トリンプ（http://www.triumph.com/jp/ja/1454.html）

室内光で発電するマウス

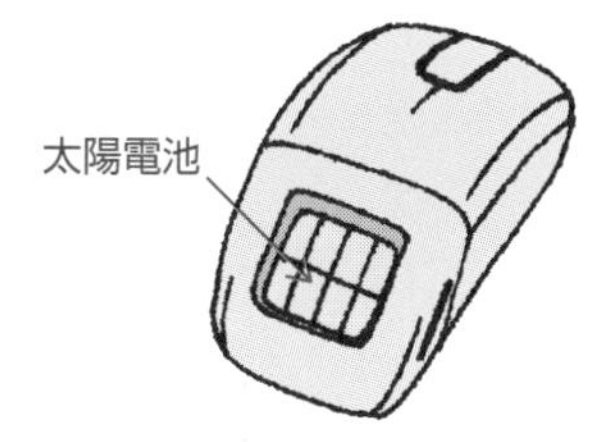

室内光発電無線マウス、SMART R MOUSE（商品名）
（ビフレステック株式会社製）

発電：固体型色素増感太陽電池
蓄電：リチウムイオンキャパシタ

出典：ビフレステック株式会社(http://www.bifrostec.co.jp/)

光発電による環境センサ

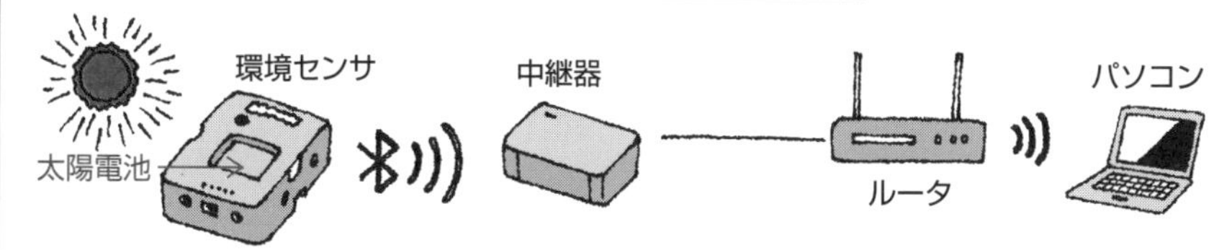

温度・湿度・照度のほかに、気圧や
内蔵リチウムイオン電池の電圧値を測定

出典:リコー(https://industry.ricoh.com/dye-sensitized-solar-cell/sensor)

光発電によるクリーンビーコン

ソーラーパネル

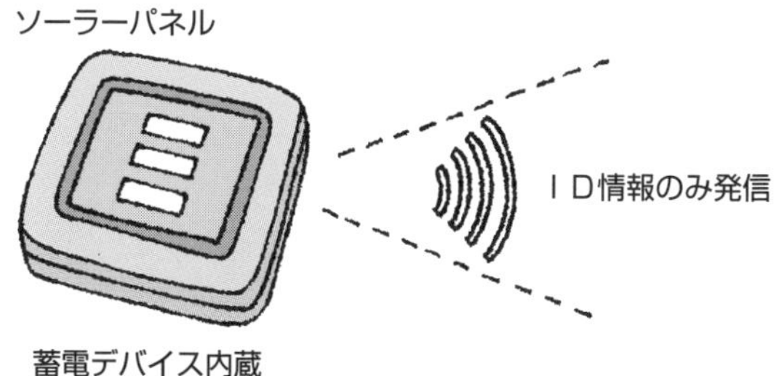

200 lx以上で動作
(30W蛍光灯から～１mでの明るさ)

受信機（スマホなど）

出典：株式会社日立産業制御ソリューションズ（https://info.hitachi-ics.co.jp/product/beacon/）

Column

雷で人間を蘇らせる？
映画『フランケンシュタイン』（1931年）

SF映画では、いろいろな電気人間が登場します。電気の人体への応用は、つなぎわせた死体に雷の電流を流して蘇生させる映画『フランケンシュタイン』が有名です。原作は1818年のメアリー・シェリーの小説であり、ガルバーニのカエルの脚の実験（1771年、動物電気説）からヒントを得たものといわれています。最初の無声映画は1910年で、トーキー映画は1931年です。

イタリアのガルバーニはカエルの脚が金属片に触れると筋肉が痙攣する事を発見し、筋肉を収縮させる力を「動物電気」と名付け（1791年）、生体の電気現象の解明に道を開きました。一方、イタリアのアレッサンドロ・ボルタはこの動物電気が筋肉に蓄えているとの解釈に疑問を感じ、2種類の金属（下図の銅Cと亜鉛Z）の間に電圧が発生することが原因であるとして、1800年の「ボルタの電池」42の発見につながりました。この原理を用いて、フルーツ発電46も行うことができます。ボルタの功績により、電圧の基本単位の名は「ボルト」とすることとなりました。

現代では、脳や筋肉の活動により電気が発生し、細胞レベルで電気の発生が起きていることが分かっています。人間には0・2ミリアンペアほどの微弱な「生体電流」が流れています60。人間が感じとれる電流（感知電流）は60ヘルツでは平均的に1ミリアンペアであり、心臓部が痙攣する危険な交流電流は数秒間では100ミリアンペアほどです。

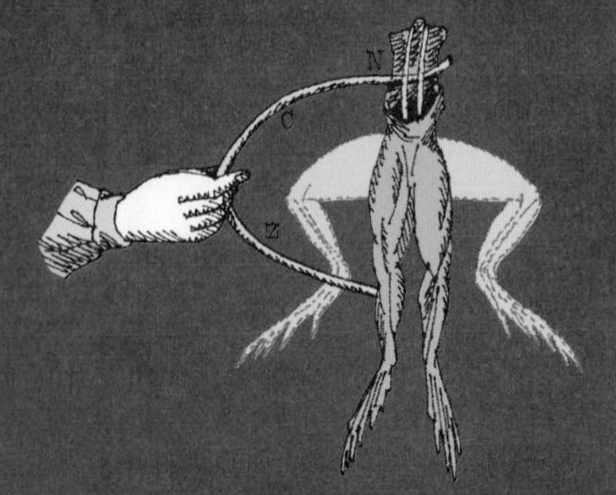

ガルバーニのカエルの幻の「動物電気」の実験

『フランケンシュタイン』
原題:Frankenstein
製作:1931年　米国
監督:ジェイムズ・ホエール
主演:コリン・クライブ、メイ・クラーク
配給:ユニバーサル・ピクチャーズ

第6章

電波の環境発電とは?

35 電界と磁界で波ができる?

アンテナによる電波発生

電界（電場）と磁界（磁場）の変動による波としての電磁波の発生を考えてみましょう。直線電流のまわりには磁界がつくられます。交流電流の場合には、磁界も交互に反転します（上図左）。平行電極ののキャパシタ（コンデンサ）の回路では、電流の連続性からキャパシタ内にも電流（変位電流と呼ばれる）が流れていると考えることができ、その電流のまわりに交流磁界もつくられます（上図中）。平行電極を斜めに開くと、時間変化する電界により磁界も生まれます。さらに、その磁界の変動により、また電界が生まれます。このように連鎖して伝わる波が電磁波です（上図右）。この波長は電極間距離程度であり、交流の周波数も高くありません。「電波」とは周波数の低い電磁波であり、周波数は300万メガヘルツ以下で波長は0・1ミリメートル以上の電磁波です。

電磁波の存在の予言は、英国のジェームス・C・マックスウェルによりなされました。1864年に電磁気の4つの基本方程式をまとめ上げ、電界と磁界とがともに変動する波が存在することを予言したのです。これはドイツのハインリヒ・ヘルツの実験により1888年に明らかにされました（中図）。

アンテナによる電波の発生には、典型的な2つの方式があります（下図）。ダイポール（双極）アンテナでは半波長の電界の変化により磁界がつくられ、電波が励起されます。片側を接地した4分の1の波長のアンテナはモノポール（単極）アンテナと呼ばれます。アンテナの長さはは電波の波長で決まります。例えば、500メガヘルツのテレビの地上波では、波長は60センチメートルであり、ダイポールアンテナの長さは30センチメートルとなります。

ループアンテナでは磁界の変化をつくり、電波を励起します。実際のアンテナでは、指向性を持たせたテレビアンテナ用の八木・宇田アンテナや衛星通信送受信用のパラボラアンテナがあります。

要点BOX
- ●電磁波は電界と磁界とが直交して変動する波
- ●マックスウェルが予言し、ヘルツが実証
- ●電波はダイポール型かループ型アンテナで生成

電磁波の生成

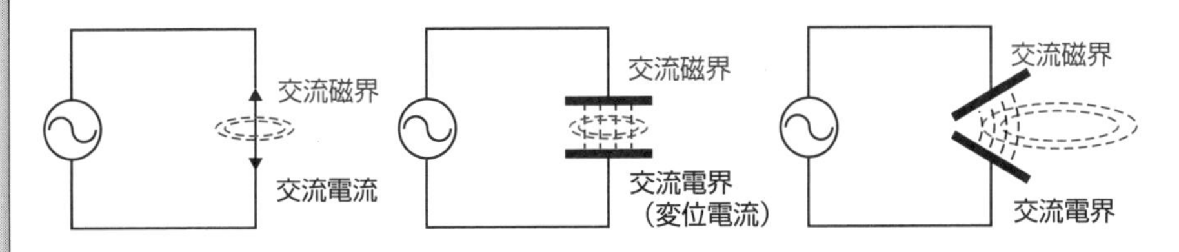

ヘルツによる電磁波の実証実験（1888年）

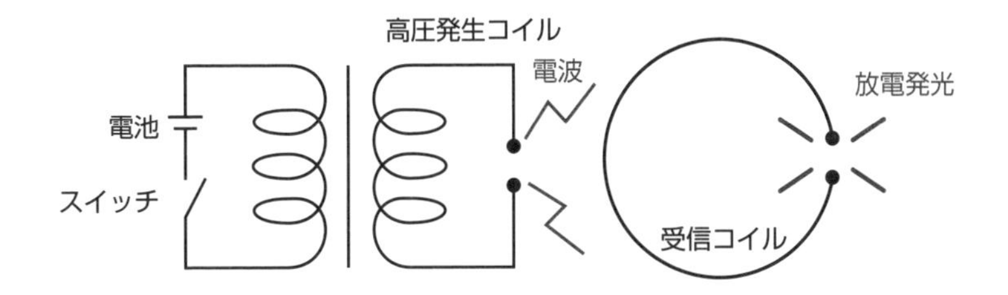

アンテナによる電波のひろがり

ダイポールアンテナ

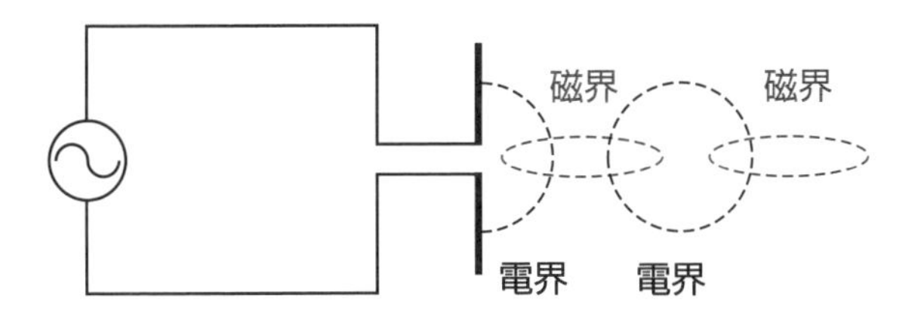

ループアンテナ

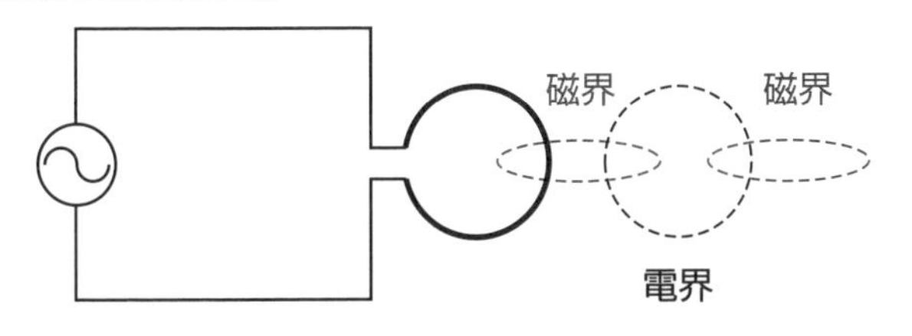

36 いろいろな電波の利用は?

放送・通信用や加熱調理用

電波はテレビやスマートフォンでの広域の放送・通信や、近距離でのパソコンの無線LANに使われています。電子レンジのような加熱にも使われています。日本でのこのような電波の利用は電波法で管理・規制されており、「3百万メガヘルツ（3兆ヘルツ）以下の電磁波」と定義されています。

全ての電磁波は光の速さ（毎秒30万キロメートル）で伝わり、その値は波長に周波数をかけた値です。電磁波の性質は周波数で異なります。周波数の低い（波長の長い）長波から、中波、短波、超短波、マイクロ波のような周波数の高い波（波長の短い波）までに分類できます（図）。

50ヘルツ（または60ヘルツ）の超低周波で6千キロメートル（または5千キロメートル）の波長の電磁波は電力設備から発生していますが、低周波の極長波は潜水艦に、長波では船舶・航空の通信に使われています。AM、短波、FMラジオでは、中波、短波、超短波（VHF）の帯域が利用され、地上デジタルテレビや携帯電波では極超短波（UHF）が利用されています。たとえば、デジタルTVの放送波の周波数は470—770メガヘルツ（メガヘルツは百万ヘルツ）、携帯電話の周波数は900メガヘルツ帯や1・5ギガヘルツ帯、2・1ギガヘルツ（ギガヘルツは10億ヘルツ）帯です。マイクロ波領域では、無線LANやBS放送が利用されています。具体的に、無線LANでは2・4ギガヘルツ帯や5・8ギガヘルツ帯が、BS放送では11～12ギガヘルツ帯が使われています。通信と異なり加熱用としては、電子レンジでの2．4ギガヘルツのマイクロ波や、50キロヘルツ近くの長波としてのIH（誘導加熱）調理器でも利用されています。

環境電波発電では、これらの広範囲の通信用電波の他に、電子レンジなどからの漏洩マイクロ波も利用が考えられています。

要点BOX

- ●地上波放送は500メガヘルツ近傍
- ●携帯電話は2ギガヘルツ近傍
- ●加熱用電子レンジは2.4ギガヘルツ

電波の利用

周波数高い ↔ 周波数低い ／ 波長短い ↔ 波長長い ／ 通信情報量大 ↔ 通信情報量小

周波数	名称	主な利用	波長
300GHz～30GHz	ミリ波 (EHF：Extra HF)（マイクロ波）	レーダー	1mm～1cm
30GHz～3GHz	センチメートル波 (SHF：Super HF)（マイクロ波）	衛星放送、無線LAN	1cm～10cm
3GHz～300MHz	極超短波 (UHF：Ultra HF)（マイクロ波）	テレビ、携帯電話、電子レンジ	10cm～1m
300MHz～30MHz	超短波 (VHF：Very HF)	FMラジオ	1m～10m
30MHz～3MHz	短波 (HF:High Frequency)	短波放送	10m～100m
3MHz～300kHz	中波 (MF：Middle F)	AMラジオ	100m～1km
300kHz～30kHz	長波 (LF：Low F)	船舶・航空通信、ＩＨ調理器	1km～10km
30kHz～3kHz	極長波 (VLF：Very LF)	海底探査、潜水艦	10km～100km

37 電波のエネルギーの発電利用は?

周波数変換による発電

電波は太陽光と同じ電磁波です。光は高周波の電磁波であるのに対して、電波は低周波の電磁波であり、環境発電の仕方に原理的な違いがあります。

地上の空中にはいろいろな電波が満ちています。この電波のエネルギーを利用するのが電波発電です。環境に満ちている身近な振動、熱、化学などの微小なエネルギーを電気に変える技術がエネルギーハーベスティング(環境発電)ですが、半導体などの物質の作用を用いてエネルギー変換を行うことになります。一方、最終目標としての電気エネルギーは超低周波あるいは定常の電界・磁界のエネルギーなので、低周波の電磁波からは、周波数変換する形で発電することができます(上図)。

光やガンマ線も電磁波ですが、超短波長で超高周波の電磁波なので、単純な周波数変換では発電はできません。光の場合には、物質に吸収させてそのエネルギーを電子の励起エネルギーや物質の熱エネルギーに変換して、発電を行います。一方、電波の場合には、アンテナと整流器を用いて周波数変換を行い、発電を行います。同じ電気エネルギーなので、変換効率も高いのが特徴です。

太陽光発電はいろいろなところで身近に利用されていますが、電波発電はあまり見たことがないかもしれません。それは、可視光に比べて電波のエネルギー密度が低い(下図)ことも関係しています。室内照明では、屋外の太陽光のエネルギー密度の千分の1ほどですが、それでも1平方センチ当たり100マイクロワットです。遠距離まで伝播可能な地上波放送の電波のエネルギー密度は照明光の百分の1、パソコンの無線LANの電波はさらに十分の1、そして携帯電話の電波は1平方センチ当たり百分の1マイクロワットの低さです。このエネルギーでは通常の家電製品には不十分ですが、微小電力のIoT(モノのインターネット)機器には十分利用可能です。

要点BOX
- 電波は低周波の電磁波であり、周波数変換で環境発電が可能
- 地上波の電波は1cm^{2}で1マイクロワット

電波発電は周波数変換

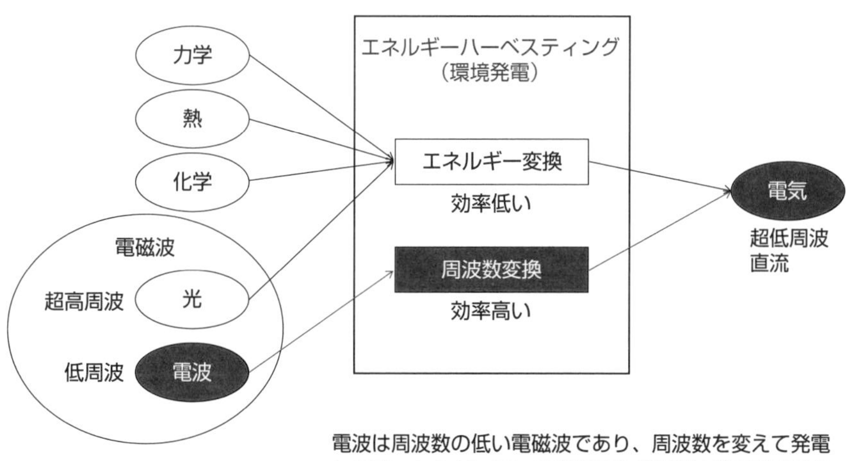

電波は周波数の低い電磁波であり、周波数を変えて発電します。したがって、変換効率も90%ほどで高くできます。ただし、電波の電力密度は高くありません。

電波と室内照明光のパワー密度

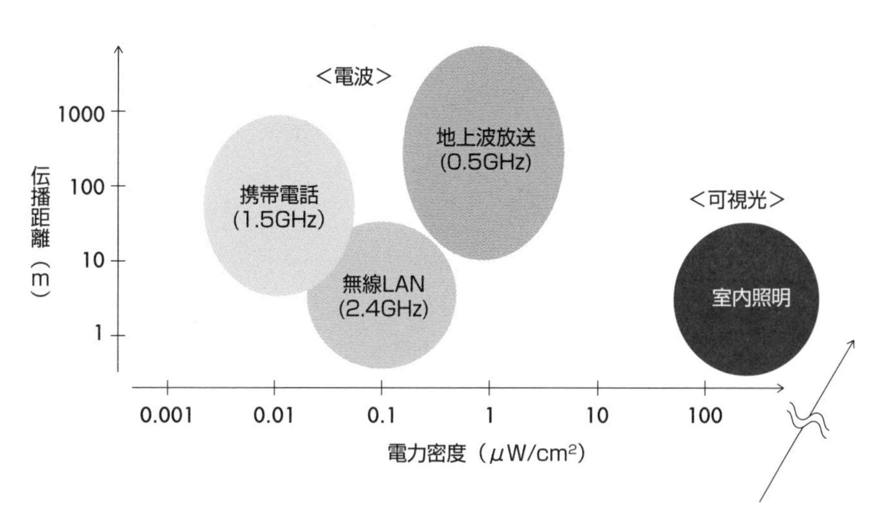

屋外太陽光の密度は高く（図の枠外）、室内照明のおよそ千倍です。

38 レクテナとは?

整流器つきアンテナ

電気から高周波数電磁波をつくることができますが、その逆のプロセスとして、電波から電気をつくることもできます。発振回路とアンテナとにより電気から電波をつくる電波発信に対して、アンテナと整流回路との組み合わせにより電波から直流電流を作るのが電波発電です。アンテナとはもともと「触覚」の意味ですが、電波電力変換装置ではレクティファイング・アンテナ（整流器つきアンテナ）の略として「レクテナ」と呼ばれます。

アンテナは波長や電磁波の進行方向や変動方向に対応してダイポール型やループ型があります（上図）。波長の短いセンチメートル波や超極短波の電波に対しては、周波数（波長）に依存しない広域型でかつ指向性のあるパラボラ型が利用されてます。

電波発電の機器構成は、アンテナからの信号をインピーダンス整合回路を通して高周波信号から直流への整流回路を用います。これがレクテナシステムです（中図）。この電気エネルギーを電圧調整したり蓄電したりして、センサや無線デバイスの電力として利用します。

音響発電と電波発電との比較を下図に示しました。音波の場合には空気の振動の力学エネルギーを電気に変換する機器がマイクロフォンであり、音波発電に相当します。一方、電波の場合には、真空中でも伝搬する電波（電磁波）エネルギーを電気エネルギーに変換するのが電波発電です。電波を電気に変換する電波受信装置レクテナは、音波を電気に変換するマイクロフォンに相当します。電気を音に変換するスピーカーに対応して、電気を高周波電磁波に変換する機器が高周波発信機です。

電波のレクテナの変換効率は80％ほどまで高めることが可能です。これに対して、現在の太陽電池の変換効率は20％程度です。ナノアンテナなどを開発して、高効率の発電開発が進められています。

要点BOX
- ●レクテナとは整流器つきアンテナ
- ●音響発電と電波発電の類似性
- ●可視光でのナノアンテナの開発中

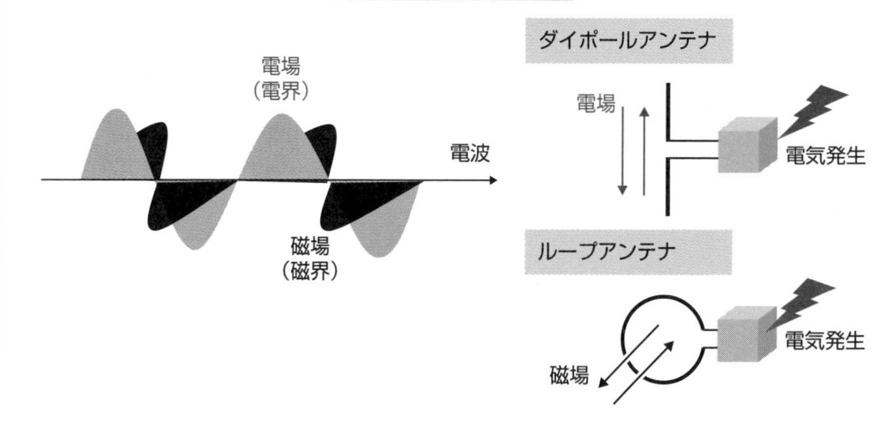
アンテナによる受信
電場
（電界）
電波
磁場
（磁界）
ダイポールアンテナ
電場
電気発生
ループアンテナ
電気発生
磁場

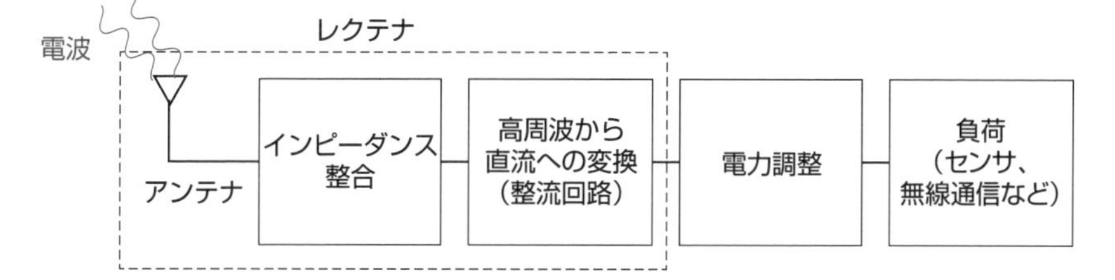
電波発電のシステム
電波
レクテナ
アンテナ
インピーダンス
整合
高周波から
直流への変換
（整流回路）
電力調整
負荷
（センサ、
無線通信など）

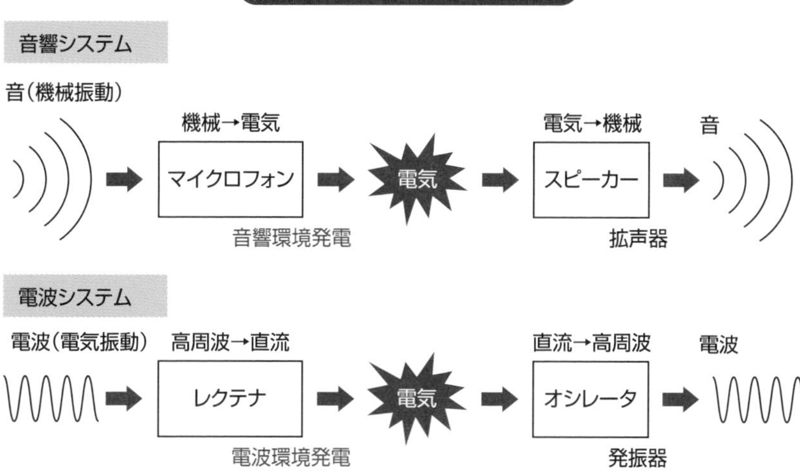
音響発電と電波発電の比較
音響システム
音（機械振動）
機械→電気
マイクロフォン
音響環境発電
電気
電気→機械
スピーカー
拡声器
音
電波システム
電波（電気振動）
高周波→直流
レクテナ
電波環境発電
電気
直流→高周波
オシレータ
発振器
電波

39 電波発電の歴史的事例!

鉱石ラジオ

環境発電（エネルギーハーベスティング）技術は、自転車の発電ランプ、ソーラー電卓、ソーラー腕時計などで古くから利用されていますが、もっとも古い環境発電の事例は、百年ほど前の鉱石ラジオです。放送局からの電波のエネルギーのみで作動する外部電源のいらないラジオです。著者も子供のころに何かのおまけとして手にして、不思議な思いで聞き入った記憶があります。

鉱石ラジオのしくみを理解するのに、放送局での電波の発信から説明します（**図上側**）。AM放送局では音をマイクロフォンで電気的な音声信号に変え、高周波の搬送波と組み合わせて振幅変調波（AM波）をつくります。これを増幅して電波塔のアンテナから電波を送信します。

鉱石ラジオでは、逆のプロセスで電波エネルギーを電気エネルギーに変え、最終的に音のエネルギーに変換します（**図下側**）。外部電源なしでラジオを聴くことができるのです。

具体的には、ラジオ受信機では、高く長い導線を張ったアンテナからの信号を、コイルとバリコン（可変コンデンサ）で作られた同調回路（共振回路）により特定の電波（高周波信号）のみを受信します。ここで、アース線（接地線）が必要となります。検波回路では、方鉛石などの鉱石を用いて高周波の振動する波から低周波の音声信号をつくります。電気信号から音声をつくる復調回路では、電気出力が弱くても聞こえるクリスタルイヤフォンを用います。振動を励起する圧電素子としてロッシェル塩が用いられていました。現在ではセラミックイヤフォンが用いられます。検波には後日鉱石の代わりにゲルマニウムダイオードが用いられたので、「ゲルマニウムラジオ」とも呼ばれていました。

鉱石ラジオは、科学教材としても役立ち、キットとして販売もされています。

要点BOX
- ●鉱石ラジオは電波環境発電の歴史的事例
- ●アンテナ、同調回路、検波回路、復調回路
- ●鉱石の代わりにゲルマニウムダイオード

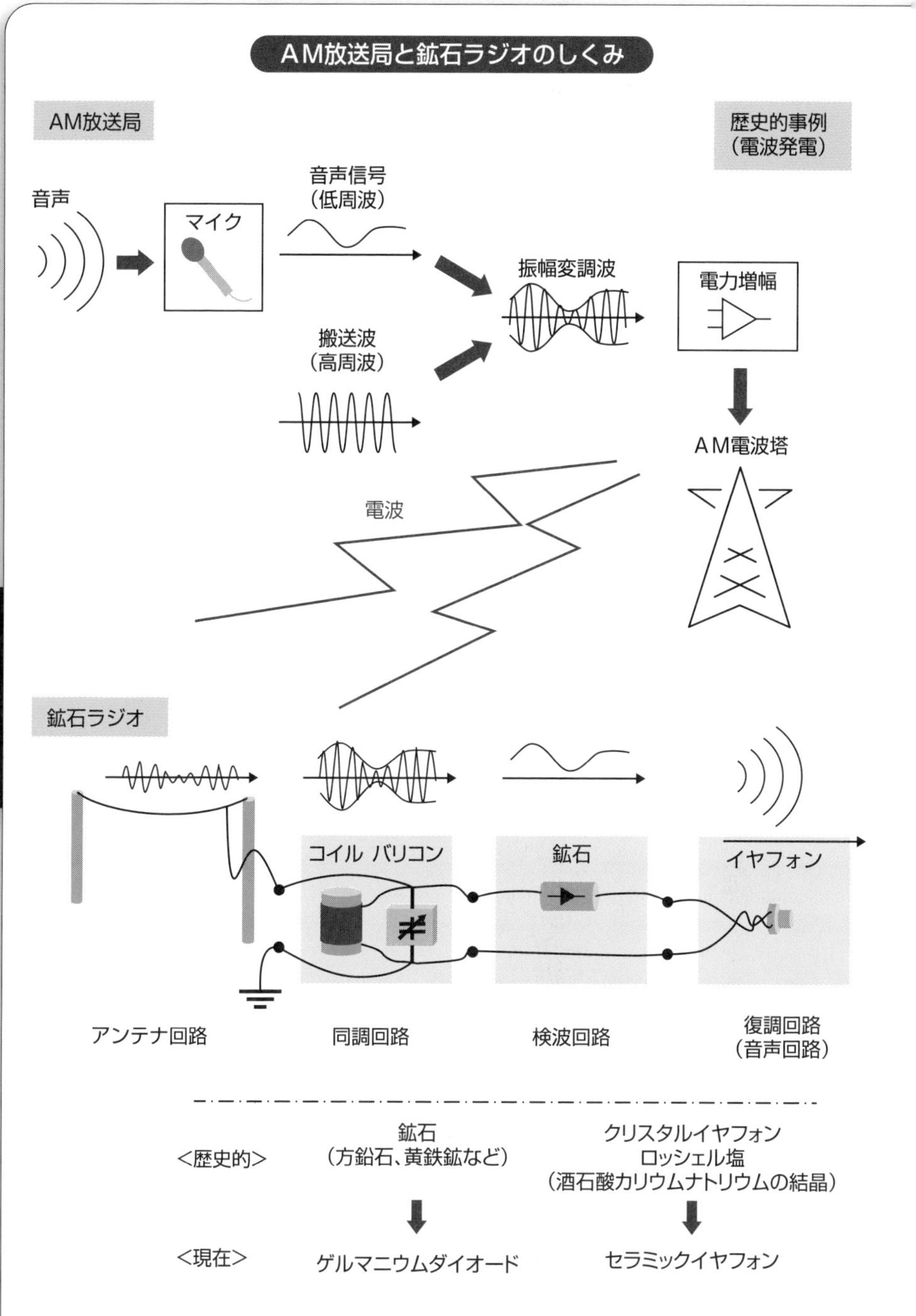

AM放送局と鉱石ラジオのしくみ

AM放送局

歴史的事例
（電波発電）

音声

マイク

音声信号
（低周波）

振幅変調波

電力増幅

搬送波
（高周波）

AM電波塔

電波

鉱石ラジオ

コイル バリコン

鉱石

イヤフォン

アンテナ回路

同調回路

検波回路

復調回路
（音声回路）

<歴史的>

鉱石
（方鉛石、黄鉄鉱など）

クリスタルイヤフォン
ロッシェル塩
（酒石酸カリウムナトリウムの結晶）

<現在>

ゲルマニウムダイオード

セラミックイヤフォン

40 環境と医療のセンサでの電波発電事例!

スマートコンタクトレンズ

電波エネルギーを用いた環境発電には、環境モニターや医療モニターの事例があります。

電波環境発電による環境モニターでは、温度・湿度モニター用が米国ジョージア大学などで開発されています。電波のエネルギーを利用して環境のモニターを行い、それを中央のサーバで集めます。自立電源で動く無線通信の環境センサなので、電波塔からの電波エネルギーが届く限り観測が可能です。その場では温度や密度などのセンサからの信号をLEDで表示することも可能であり、系統電源のない場所での環境観測にも適しています(上図)。この電波のエネルギーを利用した温度・湿度センサ、空気汚染センサのほかに、ノキア社で電波で充電できるスマートフォンも開発されましたが、発電で利用できるパワーは極めて小さく、実用化は困難でした。

医療での電波発電の例として、スマートコンタクトレンズがあります。2014年にグーグル社により、糖尿病患者の体調管理のために血糖値を測定するスマートコンタクトレンズが開発されました。コンタクトレンズに巻かれた小さなアンテナにより、電波エネルギーを受信して発電し、血糖値測定センサを駆動します(下図)。レンズに小さな穴があけてあり、涙腺から分泌される涙液がセンサに浸透して血糖値が測定されます。血糖値センサ以外の電子機器は、眼球にダメージを与えないように、瞳孔などの外側に設置されています。無線通信用には、髪の毛よりも薄い無線チップがレンズの内側に埋め込まれていました。しかし、後日、涙に含まれるグルコース量と血糖値とは相関がないことが明らかとなり、2018年にはこのスマートコンタクトレンズの開発は中止されてしまいます。

医療機器は常時モニタリングが必要な場合があり、今後さまざまな医療用インプランタブル(埋め込み)デバイスが開発されてくると思われます。

要点BOX
●電波エネルギー利用の温度湿度の環境モニタ
●電波環境発電による血糖値測定用のスマートコンタクトレンズ

モニター温度湿度

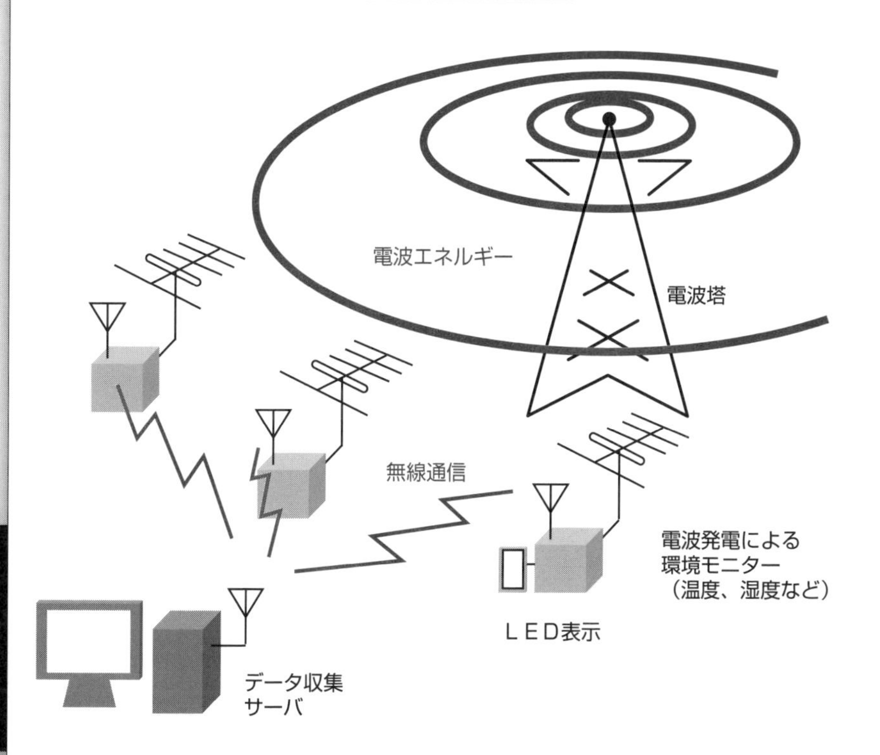

血糖値測定用スマートコンタクトレンズ

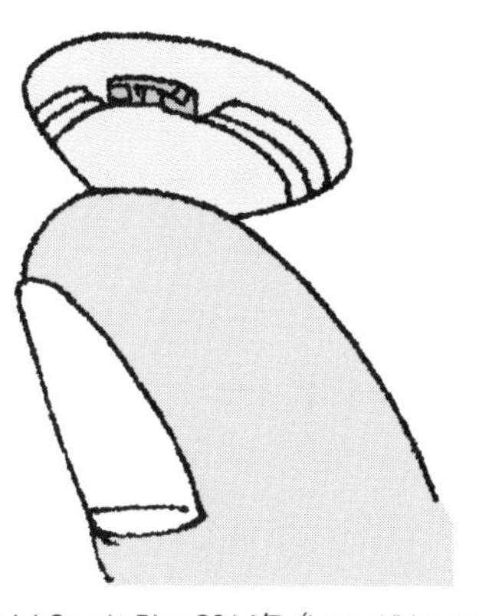

グーグル社

アンテナとセンサ、無線デバイス

（涙のグルコースと血糖値とは相関しないことがわかり、開発中止）

出典：The Official Google Blog 2014年（https://blog.google/alphabet/introducing-our-smartcontact-lens/）

Column

電波で瞬間移動?
映画『プレステージ』(2006年)

イリュージョンと呼ばれる大型ステージでのマジックでは、空中浮遊、人体の切断、美女の変身、爆発からの脱出など、好奇と驚異を観客に与えてくれます。

米国映画『プレステージ』では、人間の瞬間移動のマジックが使われ、そのトリックが最後のどんでん返しとして明かされます。

映画のキャッチコピーは、「130分すべてを疑え!-天才vs奇才 世紀のイリュージョンバトル」です。

映画の中では、交流高電圧の魔術として帽子の瞬間移動の実験をする発明家ニコラ・テスラ(俳優:デビッド・ボーイ)も登場します。実際のテスラの主要研究は無線電力伝送であり未完成で終わってしまいましたが、現代では電波 36 の中では高い周波であるマイクロ波による電力伝送 51 などが実証され、将来の宇宙太陽光発電 62 での電力送電の方式としても計画されています。

そもそも、電磁波の存在は1864年に英国のジェームズ・マックスウェルにより理論的に予測され、1888年にドイツの物理学者ヘルツにより実証実験が行われました 35 。

1891年には、テスラにより変圧器としての「テスラコイルが発明され、強力な空中放電のデモンストレーションが行われました。

ヘルツは電磁波の周波数の単位として、テスラは磁場の強さの単位として名前が残されています。

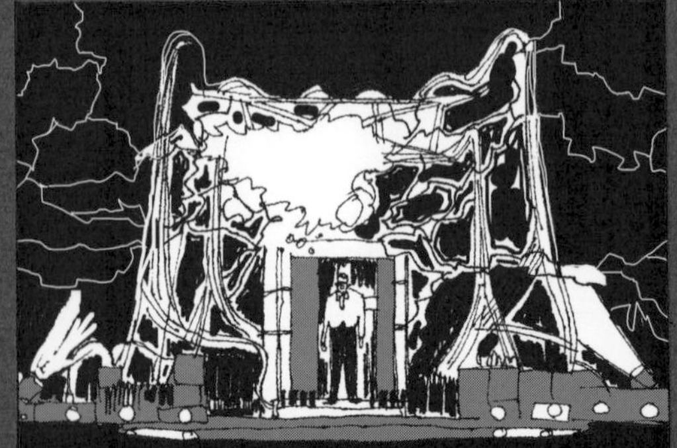

交流高電圧による奇術

『プレステージ』
原題: The Prestige
原作: クリストファー・プリースト『奇術師』(1995年)
製作: 2006年　米国、英国
監督: クリストファー・ノーラン
主演: ヒュー・ジャックマン、クリスチャン・ベール
配給: ギャガ

第7章

バイオの環境発電とは？

41 生物のエネルギーの源は?

ATPは「エネルギー通貨」

自然界では動物は植物や小さな動物を食することでエネルギーを体内に蓄積します。植物自体は太陽からのエネルギーにより成長します。光エネルギーは植物内に化学エネルギーとして蓄積され、このエネルギーが植物細胞の増殖に使われているのです。

植物では、昼間は光エネルギーを用いて光合成が行われ、単純な物質（無機物）から複雑な物質（有機物）がつくられます（図）。二酸化炭素と水とからグリシン（ブドウ糖）がつくられます（**図の下方**）。このように単純な無機物から複雑な生体物質を合成することを同化作用（エネルギー吸収反応）と呼ばれます。この反応は、クロロフィルなどの色素を持つ植物、藻類や一部の細菌類で行われます。

一方、夜間では、酸素を取り入れて呼吸がなされ、有機物を無機物としての二酸化炭素と水に分解します。これを同化の逆として異化作用（エネルギー放出反応）と呼ばれます。呼吸によって得られたエネルギーは、ADP（アデノシン2リン酸）にリン酸が結合（高エネルギー結合）してATP（アデノシン3リン酸）が生成されることにより、生体内に化学エネルギーとして蓄えられます。この呼吸は、生体を構成する細胞内に細胞核を有するすべての真核生物（植物や動物）の生命活動で行われています。ATPは「生命体のエネルギー通貨」と呼ばれています。

動物が活動することで力学的や熱的、さらに化学的なエネルギーが生まれますが、その化学的なエネルギーがバイオ環境発電の源となります。生体内では電気エネルギーも存在します。筋肉には、意思とは関係なく動く平滑筋（胃や腸や血管）や心筋（心臓）と、意識的に自分で動かす骨格筋（腕や足）があります。特に、骨格筋の内部構造の形状変化が運動メカニズムのもとになっています。歩くことによる振動発電や、体温を利用しての熱発電も、広い意味での生体エネルギー発電と考えることができます。

要点BOX
- ●植物での同化（光合成）と異化（呼吸）作用
- ●動物での熱や運動に関する環境発電
- ●動物での化学エネルギー利用のバイオ発電

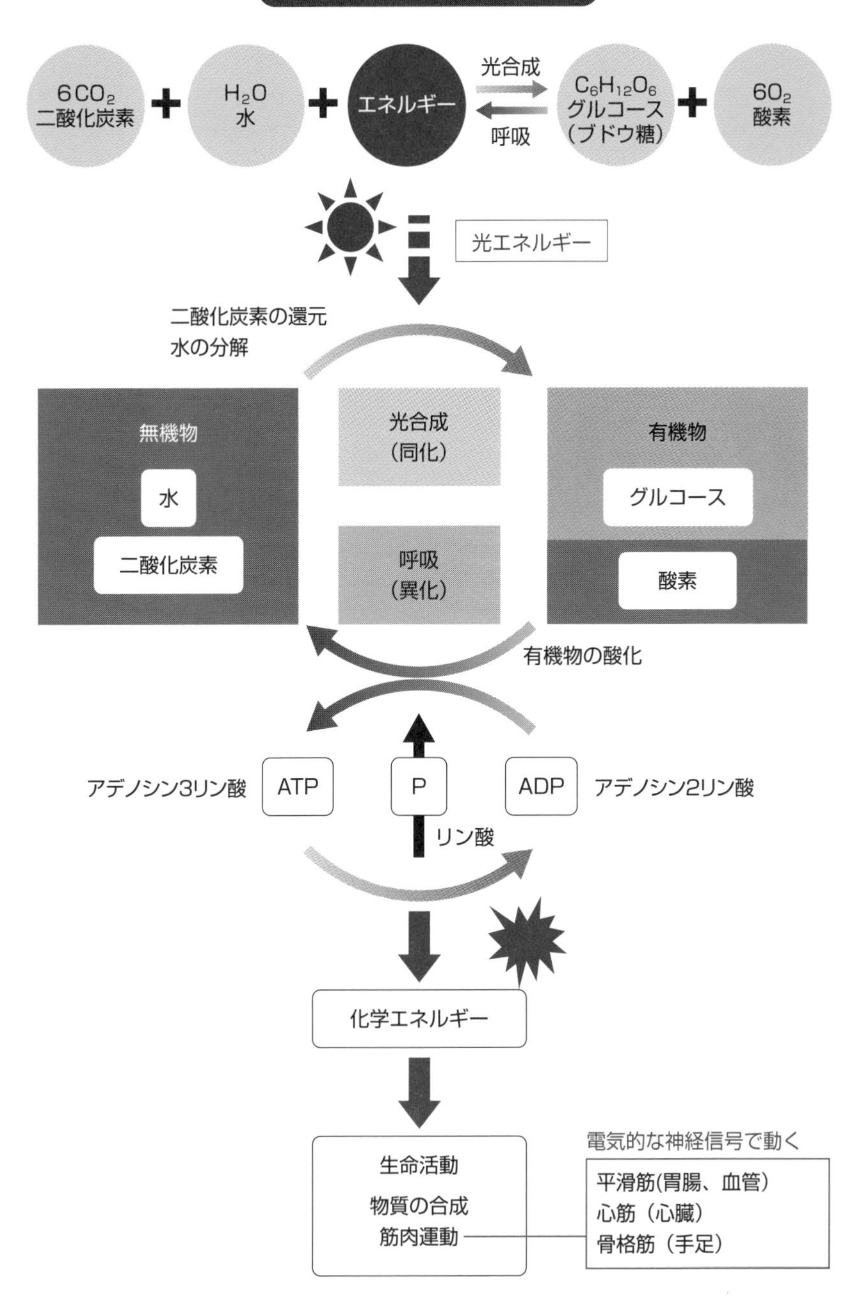
生物でのエネルギーの流れ
6CO2
二酸化炭素
H2O
水
エネルギー
光合成
呼吸
C6H12O6
グルコース
（ブドウ糖）
6O2
酸素
光エネルギー
二酸化炭素の還元
水の分解
無機物
水
二酸化炭素
光合成
（同化）
呼吸
（異化）
有機物
グルコース
酸素
有機物の酸化
アデノシン3リン酸
ATP
P
ADP
アデノシン2リン酸
リン酸
化学エネルギー
生命活動
物質の合成
筋肉運動
電気的な神経信号で動く
平滑筋(胃腸、血管)
心筋（心臓）
骨格筋（手足）

42 微生物発電のしくみは?

微生物燃料電池での酸化還元反応

人間を含めて、多くの生物は有機物を体内に取り込み、化学的に分解して、より簡単な物質としての二酸化炭素と水に変える異化作用によりエネルギーを得ています。これは反応で生じた電子を、細胞が取り込んだ酸素に渡すことで、生命活動に必要なエネルギーを得ているのです（前項41）。

自然界には異化作用として有機物を分解するときに、細胞内に生じた電子を放出して電流を発生させる微生物がいます。これは「発電菌」と呼ばれます。1980年代に「シュワネラ菌」が初めて発見され、2000年頃にはこれら発電菌を用いた微生物燃料電池の実証実験もなされています。微生物による汚泥（有機物）の分解による発電も試みられてます。

「微生物燃料電池（MFC）」による発電のしくみを上図に示しました。有機物を含んだ排水が微生物により2酸化炭素と水素イオン（プロトン）と電子とに分解されます。これは酸化反応に相当します。プロトンは交換膜を通ってプラス極側に移動し、回路から供給される電子と空気中の酸素とから水が生成されます。これは還元反応です。

一般に、燃料電池での酸化還元反応は、ボルタの電池と類似しており、かつ、水の電気分解の逆反応です（下図）。ボルタの電池では、希硫酸水溶液に亜鉛（アノード極）と銅（カソード極）をいれて水素イオンの移動を利用した電池です。これは、亜鉛と銅のイオン化傾向の違いを利用して、電子と水素イオンの流れを起こします。燃料電池では、多孔質の白金が酸化還元反応の触媒作用を担います。

一方、微生物燃料発電では、高価な白金の触媒や高純度の水素燃料ではなくて、微生物発電菌による触媒作用と有機物を含む液とから発電されます。家庭では生ごみや下水の処理などに活用できますが、発電のほかに工場廃水の浄化や枯渇資源（リンなど）の回収など、多目的な技術開発がなされています。

要点BOX

- ●一般の燃料電池は白金を触媒として利用
- ●微生物燃料電池は微生物を触媒として利用
- ●ボルタの電池は電極のイオン化の違いを利用

微生物燃料電池(MFC)のしくみ

MFC : Microbial Fuel Cell

酸化反応

還元反応

CO_2　e^-　e^-　O_2

$(CH_2O)_n$

H^+

H_2O

有機物を含んだ排水

H_2O　微生物

水素イオン(プロトン)と酸素から水が生成

マイナス極　プロトン交換膜　プラス極

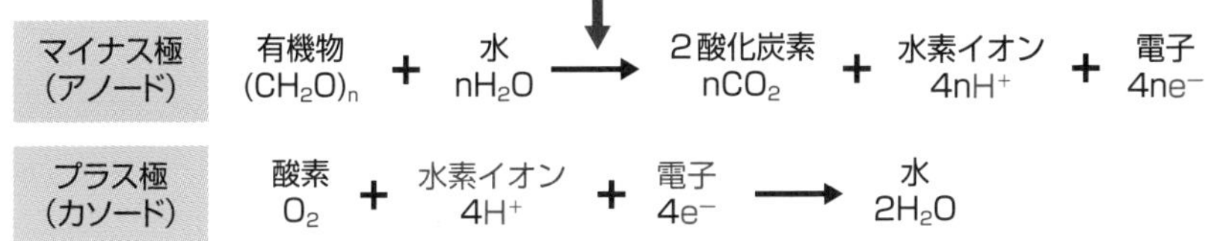

電池の反応の比較

ボルタの電池

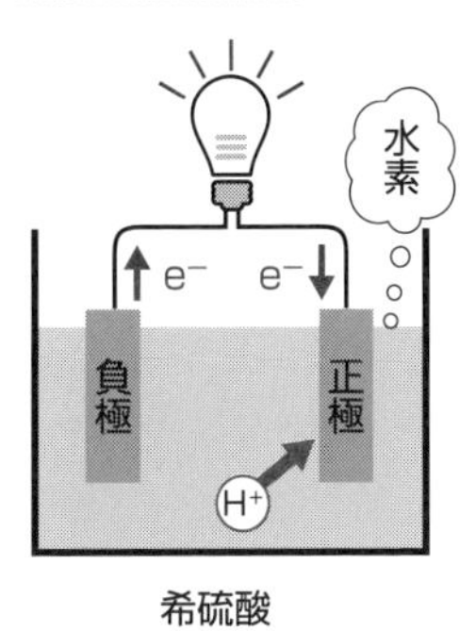

希硫酸

負極(亜鉛、酸化反応)
$Zn \rightarrow Zn^{2+} + 2e^-$

正極(銅、還元反応)
$2H^+ + 2e^- \rightarrow H_2$

燃料電池

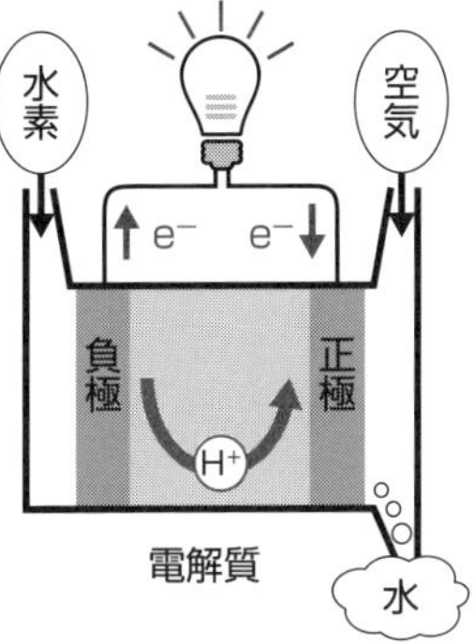

電解質

負極(白金、酸化反応)
$H_2 \rightarrow 2H^+ + 2e^-$

正極(白金、還元反応)
$O_2 + 4H^+ + 4e^- \rightarrow 2H_2O$

水の電気分解

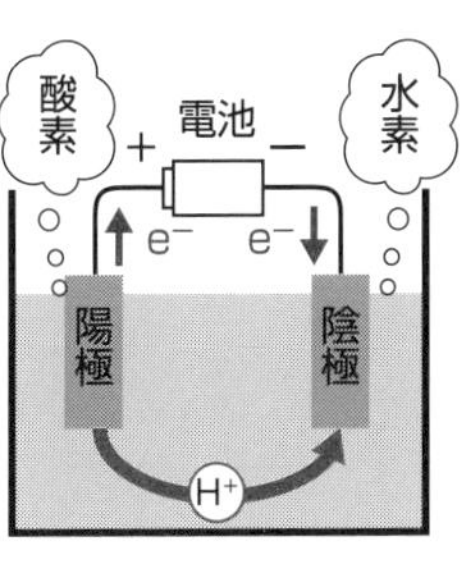

水と電解液

陽極(炭素、酸化反応)
$2H_2O \rightarrow O_2 + 4H^+ + 4e^-$

陰極(炭素、還元反応)
$2H^+ + 2e^- \rightarrow H_2$

43 植物発電とは?

田んぼ発電と森林監視

廃液などの有機物を燃料として利用し、微生物としての発電菌により、燃料としての有機物を分解し、放出される水素イオンと電子とを利用するのが、前項の微生物燃料電池でした。一方、生きている植物の根からの有機物を利用するのが、植物利用型微生物発電であり、いわゆる「植物発電」です。

植物発電の例として、「ジオバクター菌」を利用した「田んぼ発電」が試みられています(上図)。稲が光合成をして有機物を生成し、有機物の一部を根の近くに排出します。ジオバクター菌は土壌に生息し、稲の根から排出される有機物を分解し、細胞膜を通して外部に電子を放出します。電子は土の中に入れたマイナス電極から外部回路を通じて流れ、発電されます。プラス極では空気中の酸素と水素イオンと電子から水がつくられます。田んぼに限らず、いろいろな場所に発電菌がいて電気を作ることができますが、田んぼ発電では1平方メートルで50ミリワットほどの発電ができると報告されています。

山火事から森林を守るための監視にも、植物発電が利用されています。これには常時広範囲の監視が必要であり、自立発電デバイスが必要です。植物の代謝エネルギーを樹木の液から直接利用する「樹液発電」により温度・湿度のセンサを有する無線デバイスを用いて中継ステーションに信号を送り、衛星通信を用いた監視システムが開発されてきました(中図)。米国のボルツリーパワー社のシステムですが、発電原理は公開されていません。

子供用の実験キットもあります(下図)。「マッドワット(泥電力)」のクリーンなエネルギーとして、泥の中の微生物の自然代謝を利用した発電で、太陽光と水があれば発電できます。容器内に泥を入れると、微生物は糖分などの栄養分を消化してそのエネルギーを電気として放出します。LEDの点滅や時計の動きで発電を確認することができる教材です。

要点BOX
- ●ジオバクター菌利用の田んぼ発電
- ●森林の監視センサのための植物樹液発電
- ●泥から発電する科学実験キット

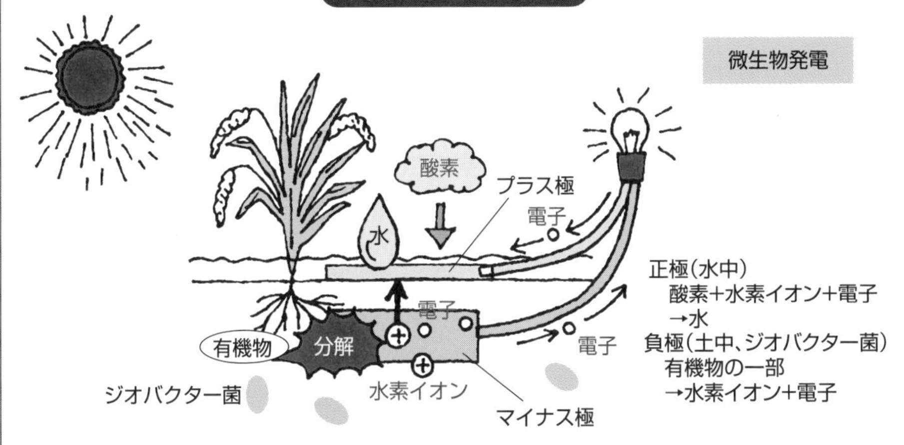

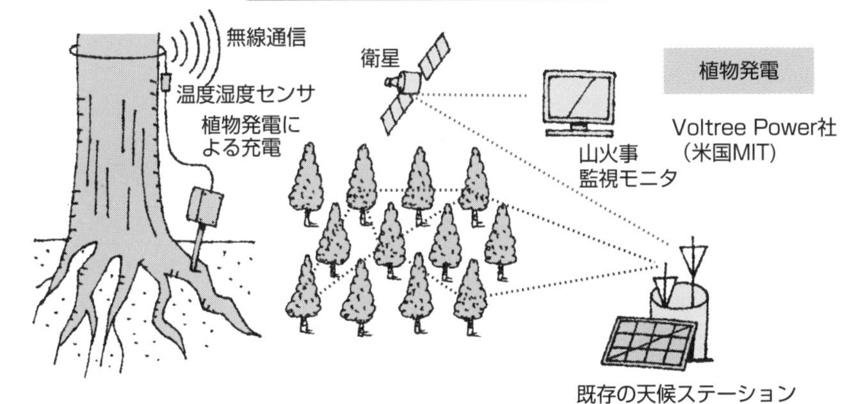

出典：http://voltreepower.com/bioHarvester.html

泥から発電する

微生物発電

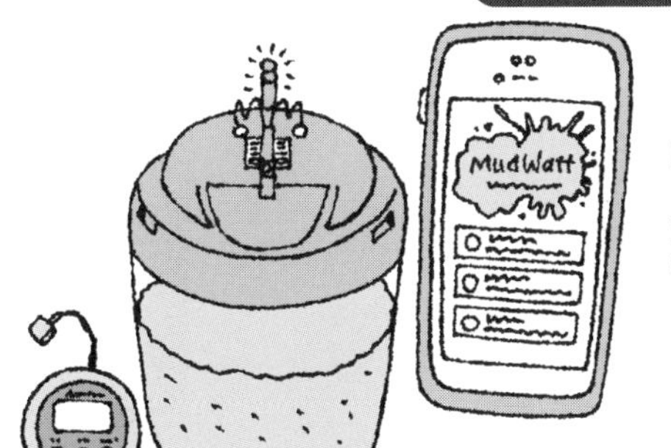

MudWatt (マッドワット) 実験キット

泥から発電 自由研究 知育玩具
科学工作キット SDGs 微生物発電

44 動物生体発電とは?

電気ウナギとカタツムリ発電

　子供が大好きなポケットモンスターのピカチュウは、頬に赤い電気袋を持ち、雷形のしっぽを持った電気ハムスターです。電気を持った本物の動物はいるのでしょうか?

　電気ウナギ、電気ナマズなどの電気魚がいます。高い電圧の電気は、敵を撃退したり獲物を捕食するのに用い、低い電圧の電気は、周辺の獲物や障害物を探査するのに用いられています。

　電気魚が持つ発電器官の細胞では、内側にカリウム陽イオンが、外側にナトリウム陽イオンが多数存在します。興奮状態になると、細胞膜の性質が変化してナトリウムイオンが細胞内に入りやすくなり、細胞の内側の電圧が高くなります。電気ウナギ(上図)の場合にはこの細胞が1枚0・15V程度であり、この電気板が数千枚直列に重なっており、500Vほどの電圧が1ミリ秒ほど発生されることになります。水族館での発電実証の展示に用いられ、子供たちに楽しみを与えてくれます。

　発電器官ではなくて体液を利用した動物発電もあります。動物の血液中のグルコース(ブドウ糖)をエネルギー燃料として用います。下図のようなインプラントバイオ燃料電池としての「カタツムリ発電」が検討されてきました。電極にはカーボンナノチューブを用いて、陽極にはグルコースを酸化させる酵素を用いてグルコン酸をつくり、陰極では酸素分子を還元して水分子をつくる酵素をもちいます。この酸化還元反応を生きているカタツムリの生体内で起こして、発電するのです。

　バイオ燃料電池は古くは1970年の犬での実験にはじまり、羊やネズミなどのさまざまな動物で試みられてきています。人の血液中のグルコースも同様に発電に利用することができます。バイオエレクトロニクスでの恒常的な超微小電源として利用される日が来るかもしれません。

要点BOX
- 電気ウナギは細胞内外へのナトリウムイオンの移動で発電
- カタツムリ発電は体液利用のバイオ燃料電池

電気ウナギ発電

興奮時に
頭がプラス電圧に
最大600ボルト

ボタン電池の積層に相当

カタツムリ発電

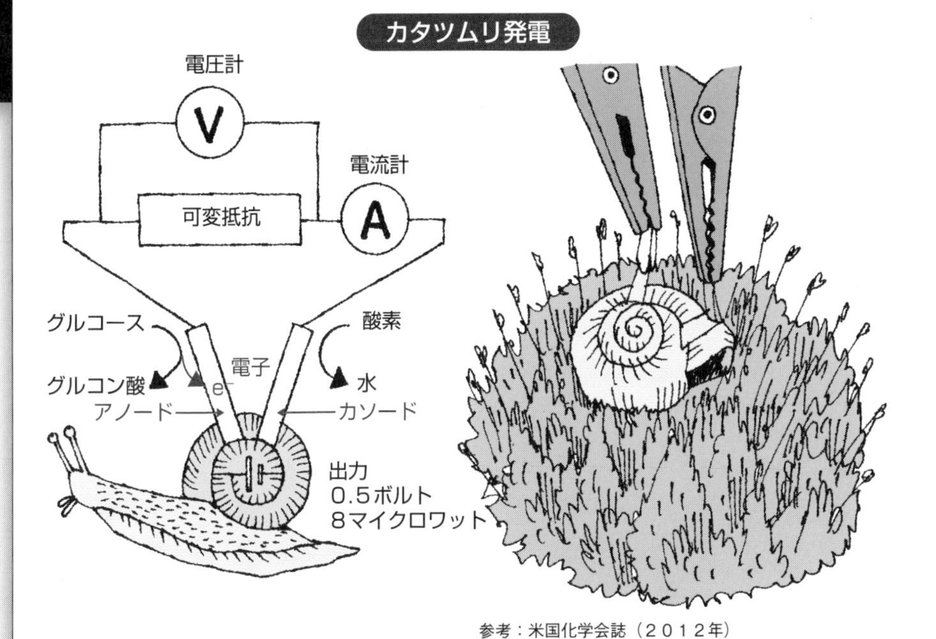

参考：米国化学会誌（２０１２年）
https://pubs.acs.org/doi/10.1021/ja211714w

45 人体内のデジタル医薬品とは?

センサ入り錠剤

うつ病やアルツハイマー病の患者が適正に薬を服用しているかどうかを確認することは非常に重要です。薬の飲み忘れを防止のための服薬測定の手段として、環境発電を利用したデジタル医薬品（服薬測定ツール）が考案されてきました。デジタルメディスン（デジタル医薬品）とは、情報技術（IT）を組み合わせた医薬品のことであり、デジタルセラピューティクス（デジタル治療）と呼ばれることもあります。

大塚製薬株式会社とプロテウス・デジタル・ヘルス社は、2017年に世界で初めてのデジタルメディスン「エビリファイ・マイサイト」の新薬の承認を米国食品医薬品局（FDA）から取得しました。これはうつ病の薬に極小センサを組み込んだ錠剤であり、この錠剤が胃液に触れるとセンサが胃内でシグナルを発します。すると、患者の身体に貼り付けたシグナル検出器がそれを検出します（上図）。この検出器は、服薬した日時と錠数や、患者の睡眠などに関するデータも記録し、スマートフォンなどのモバイル端末にデータを転送します。残念ながら、プロテウス社は2020年に破産申請し、最終的に大塚製薬が買収しています。

情報技術は、かつては据え置き型のディスクトップパソコンから携帯型のノートパソコンやスマートフォンが利用されてきて、装着型のウェアラブルデバイスが開発されてきました。現在では、さらに埋め込み型のインプランタブルデバイス（下図）が開発されてきています。てんかんやパーキンソン病については脳刺激デバイスがあり、心臓病にはペースメーカーなどが製品化されています。デジタルメディスンもその一例です。

腕などにICチップを埋め込み、生活支援デバイスとして利用することも、スウェーデンで実施されています。今後は患者の健康情報のプライバシーが不用意に漏れないような保護管理が重要となります。

要点BOX
- ●服薬測定ができるデジタル医薬品
- ●装着型ウェアラブルデバイスから埋め込み型インプランタブルデバイスへ

服薬測定ツール

大塚製薬とプロテウス社

❷錠剤（センサ入り）を飲む

❶脇腹に小型検出器を貼る

❸センサが胃液に
反応して信号を出す

❹センサからの信号を
スマートフォンなどに転送

❺医師や介護者らが確認

センサは有用寿命を過ぎると
自然に分解するように
設計されています。

出典：https://www.otsuka.co.jp/company/newsreleases/2017/20171114_1.html

インプランタブルデバイス（体内埋め込み型デバイス）

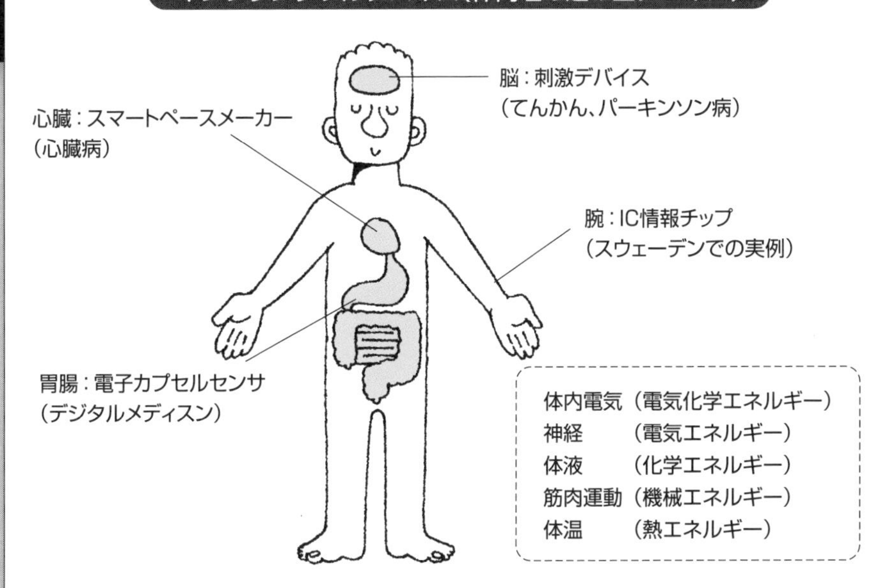

46 尿や果汁で発電する?

尿発電と塩水発電、レモン電池

環境に優しい発電の一つとしてバイオ燃料が注目されています。家畜の糞尿などの廃棄物から発生するメタンなどのバイオガスを燃料として、ガスエンジンでの燃焼による発電が実用化されています。

本項での「尿発電」はこれとは異なり、微生物燃料電池（MFC）型の発電です。バクテリア自身が生命維持のために尿を餌として化学エネルギーを電気エネルギーに直接変換する発電です。

尿素燃料電池（上左図）では、尿に含まれている尿酸から尿素やアンモニアに分解でき、微生物により電子と陽イオンがつくられます。電子は外部回路を通じてアノードからカソードに流れます。水素イオン（プロトン）はプロトン交換膜を通してアノードに移動して、酸素と電子により水がつくられます。将来的には、この尿発電を一般的な電源として利用し、電力源の不安定な山小屋や難民キャンプでの照明などに活用することが期待されています。

日本では、尿漏れの検出のための「おむつ発電」（上図）が提案されています。人間の尿を電解質として発電で得た電力で尿漏れの検出を行います。銅ニッケルをメッキした不織布に導電性高分子を塗布して、燃料電池の触媒として機能させるしくみです。この装置により、おむつの状態の定期的な確認作業の軽減が期待されています。

非常用電池として、市販の塩水電池があります（下図左）。これはアノードにマグネシウムを用いたボルタの電池に相当し、塩水を電解液とした電池です。水道水、雨水、尿、醤油など、身近にあるあらゆる水分でも発電可能とのことです。学校の工作実験として、レモン電池などのフルーツ発電もあります（下図右）。イオン化傾向の異なる銅板と亜鉛板を電極として用いたボルタの電池に相当し、レモン汁を電解質として発電します。これらは、微生物酵素を触媒として利用しているわけではありません。

要点BOX

- ●尿素燃料電池を難民キャンプで実証実験
- ●おむつ発電により尿漏れ検知
- ●レモン電池の原理はボルタの電池

おしっこ(尿)発電

尿素燃料電池（発電するトイレ）

英国西イングランド大学

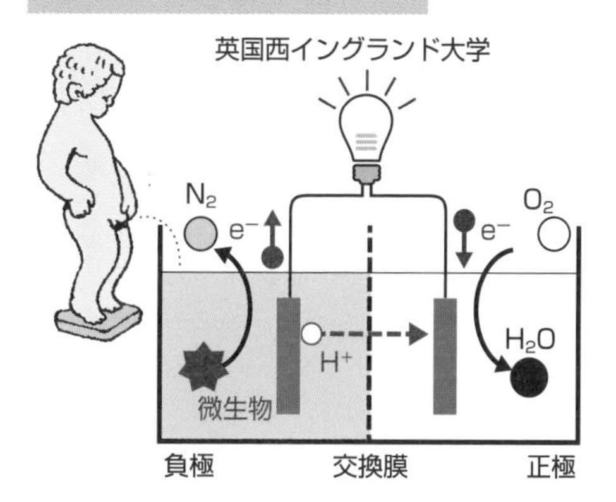

尿漏れセンサ（おむつ発電）

立命館大学・大阪工業大学

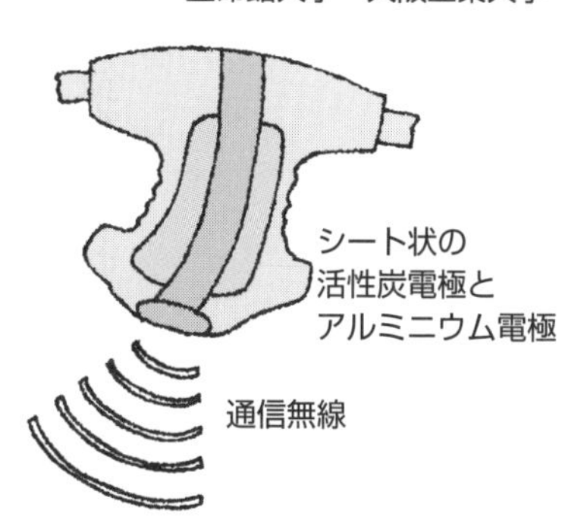

尿酸	→	尿素	→	アンモニア	→	窒素	+	陽イオン	+	電子
$C_5H_4N_4O_3$		CH_4N_2O		NH_3		N_2		H^+		e^-

(参考)マグネシウム電池とフルーツ電池

ボルタの電池の原理を利用しています

塩水やおしっこで非常用発電

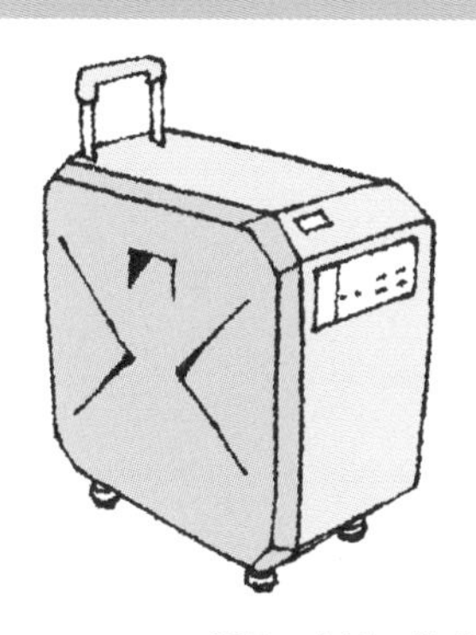

（QEエナジー株式会社）

マグネシウム電池
電池の負極にマグネシウム

レモン電池(科学教材用)

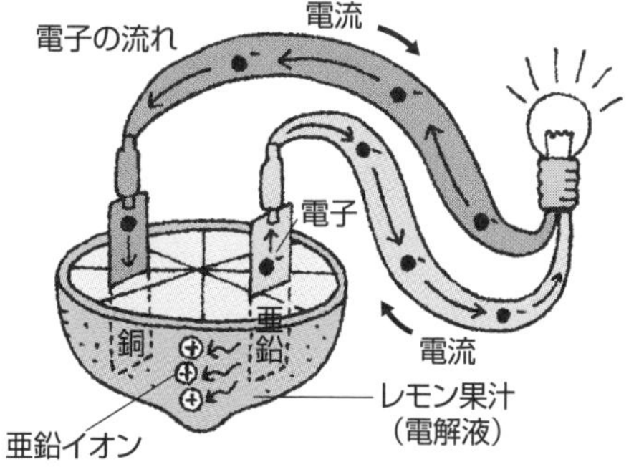

亜鉛は銅よりも
陽イオン化しやすい

$$Zn \rightarrow Zn^{2+} + 2e^-$$

Column

未来のインプランタブルデバイス!
映画『マトリックス』(1999年、2003年、2021年)

SF映画『マトリックス』3部作は、仮想世界におけるコンピュータと人間との壮絶な戦いをテーマとしています。人類は機械のエネルギー源である太陽光を遮断し、地下に理想郷「ザイオン」を築きます。一方、人間の殲滅を狙う機械社会「マトリックス」は、人間の生体エネルギーと核融合技術とを結合させてエネルギーを利用するようになります。

この映画のなかでは、電池のセルの中で培養されている多数の人体の映像が出てきます。人間製造と人体発電を進めるマトリックスと、人間を解放しようと立ち向かうキアヌ・リーブス扮する救世主ネオとの戦いが描かれています。

現実の環境発電では、人体エネルギーもいろいろな形で発電に利用されています(59、60)。そもそも、コンピュータのエネルギーを人体エネルギーでまかなうことはできるのでしょうか?

人間の標準代謝エネルギーから考えて、私たちは常時100ワット電球を灯して生きていることに相当します。その一部を利用し、人間発電を多数つなげれば、超低消費電力のコンピュータデバイスであれば動作可能かもしれません。

現在のIoTに対して、人間のインターネットIoHの社会が近い将来到来すると思われます。手や頭に埋め込まれたインプランタブルデバイス64が、人工知能(AI)や仮想現実(VR)の技術と融合されて、私たちをSFの世界に近づけてくれるかもしれません。

なお、2021年12月には4作目の続編映画『マトリックス　レザレクションズ』が公開される予定です。

マトリックス(機械社会)での
人体エネルギー発電

『マトリックス』(1999年)
『マトリックス・リローデッド』(2003年)
『マトリックス・レボルーション』(2003年)
『マトリックス・レザレクションズ』(2021年)
監督:ウォシャウスキー兄弟
製作:米国
主演:キアヌ・リーブス、
キャリー=アン・モス
配給:ワーナー・ブラザーズ

第 8 章

環境発電のための蓄電と無線通信は?

47 環境発電システム用デバイスとは?

低消費電力でメインテナンスフリー

環境発電（エネルギーハーベスティング）システムでは、環境エネルギー（アンビエントエネルギー）を電気に変えて蓄電する「環境発電機器（エネルギーハーベスタ）」と環境情報を得るセンサと外部と通信するるためのための無線装置からなる「環境発電負荷機器」とで構成されています（上図）。本項では、それらのデバイス（電子機器）の構成について述べます。

一般の機器システムでは、主電源は有線給電、電池（1次電池、2次電池）、自立発電、または、外部からの無線給電のいずれかであり、通信機器は有線または無線システムで構成されます。これらの中で、環境発電システムは、環境エネルギーを利用した自立発電と微小電力の無線通信で構成されます。

環境発電の発電部（図左下）では、第一に、非常に希薄なエネルギー密度の微小な環境エネルギーを取り出し、電気に変換する「変換器（トランスデューサ）」が必要となります。前章までに、いろいろな環境エネルギーに沿って変換器を分類して述べてきましたが、変換器からの電力は不安定であったり、容量的に微小すぎたりの場合が多く、効率的に電力をためるに「蓄電器」が必要となります。また、蓄電や放電のタイミングの管理のために、「電源管理用集積（IC）回路」が組み込まれます。効率の良い発電器や蓄電器、消費電力を極力抑えたIC回路が必要となります。

一方、負荷部（図右下）では、主目的としての環境情報などを得るための「センサ（検知）デバイス」とその情報を遠くの制御装置へ送るための「ワイアレス（無線）通信デバイス」が必要となります。センサからの信号や無線送信の情報は、「マイコン（小型計算機）デバイス」で制御・処理されます。

いずれのデバイスも低電力で動く消費電力損失の少ない超小型の機器が不可欠となり、メインテナンスの不要な長寿命のシステムが求められています。

要点BOX

- ●発電部のエネルギーのトランスドューサ
- ●蓄電デバイスと電源管理回路
- ●負荷部のセンサと無線通信デバイス

環境発電を利用したセンサシステム

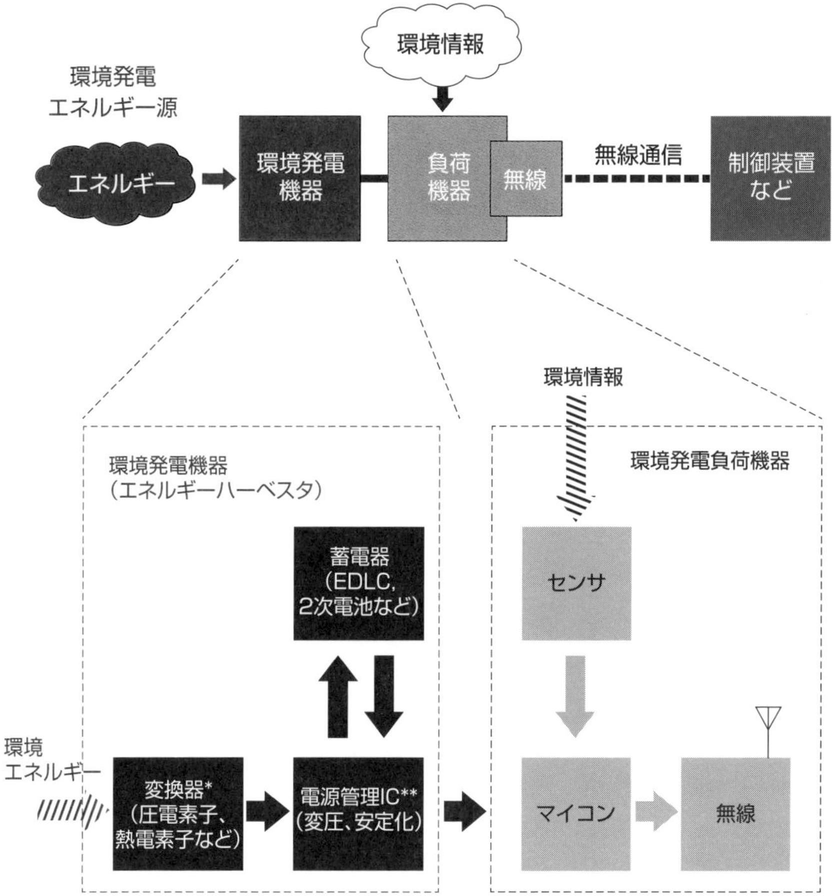

環境情報

環境発電
エネルギー源

エネルギー

環境発電
機器

負荷
機器

無線

無線通信

制御装置
など

環境情報

環境発電機器
(エネルギーハーベスタ)

環境発電負荷機器

蓄電器
(EDLC,
2次電池など)

センサ

環境
エネルギー

変換器*
(圧電素子、
熱電素子など)

電源管理IC**
(変圧、安定化)

マイコン

無線

(*) トランスドューサ(変換器)
(**) 電源管理用集積回路(PMIC)

48 電池と蓄電器は?

化学2次電池と静電蓄電器

環境発電は、機械運動、熱、光、化学などのエネルギーから電気をつくるシステムです。同じように、あるエネルギーから電気エネルギーに変換する装置、特に直流の電気エネルギーに変換する装置は「電池(セル)」と呼ばれます。

電池は大きく3つに分類できます。化学反応を利用する化学電池、光・熱・放射線エネルギーを利用する物理電池、そして、生物のエネルギーによる生物電池です(**上図**)。化学電池の中で充電可能な2次電池は、微小で不安定な電力の環境発電用の蓄電デバイスとして組み込まれます。

2次電池の中で、小型軽量で、メモリー効果がない便利な電池として、リチウムイオン2次電池があります。ここで、メモリー効果とは、継ぎ足し充電を開始した付近で顕著に起電力の低下が起こる現象です。充電を開始した残量を記憶(メモリー)することに由来しています。

蓄電池と蓄電器は異なります。蓄電池(バッテリ)では電気エネルギーを化学エネルギーなどの他のエネルギーに変換して電気を貯蔵します。一方、蓄電器(コンデンサ、キャパシタ)は電気エネルギーをそのまま電気エネルギーとして保存します。

一般的な蓄電の方法としては(**下図**)、力学的方法(フライホイールエネルギー貯蔵、圧縮空気貯蔵、揚水発電)、化学的方法(新型電池電力貯蔵、化学蓄熱、水素製造)、電気的方法(超伝導エネルギー貯蔵)、熱的方法(水・氷蓄熱)などの方法があります。

環境発電に必要な蓄電の条件は、❶微小電力をゆっくり蓄電可能、❷間欠的な蓄電でも電力が安定化、❸蓄電した電気を短時間利用可能、の3つです。実際の蓄電デバイスとして、化学的な蓄電池(2次電池)か静電的な蓄電器が用いられます。特に、電力損失小で、長寿命の急速充放電可能な蓄電装置が必要となってきます。

要点BOX
- ●電池はエネルギー変換装置
- ●化学電池、物理電池、生物電池
- ●環境発電には化学2次電池か静電蓄電器

いろいろな電池

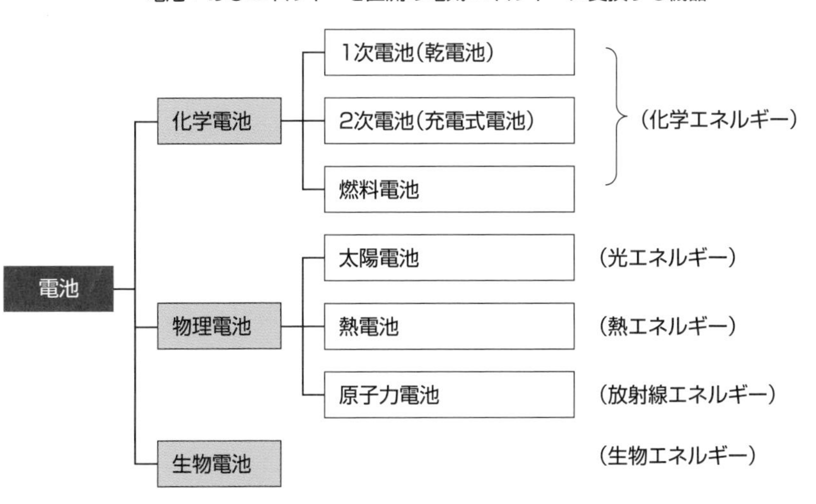

環境発電では、これらの電池と同様な原理を使って、
いろいろなエネルギーから 電気をつくります。

蓄電の方法

- 力学的（フライホイールエネルギー貯蔵、圧縮空気貯蔵、揚水発電）
- 化学的（電池電力貯蔵、化学蓄熱、水素製造）
- 熱的（水・氷蓄熱）
- 静電的（キャパシタ、電気二重層キャパシタ(EDLC)）
- 電磁的（インダクタ、超伝導エネルギー貯蔵（SMES)）

環境発電では、化学的な蓄電池か静電的な蓄電器（キャパシタ）が用いられます。

49 電気二重層キャパシタとは?

EDLC

環境発電機器システムでの蓄電は、通常の蓄電池と多少異なる特徴的な使い方がなされます。微小なエネルギーを少しずつためて、ある程度電気がたまったときに一気に負荷に流して、センサや無線通信を使用する場合が多くあります。不安定な環境エネルギーの出力を安定化させるための機能も必要です。また、小型で電力損失の小さな機器が必要となります。そのための蓄電器として電気二重層キャパシタ(EDLC)が用いられます。

電気二重層キャパシタは、典型的なアルミ電解コンデンサとリチウムイオン電池などの二次電池との中間的な特徴があります(上図)。静電容量はアルミ電解コンデンサの千倍から十万倍ほどですが、二次電池の10分の1倍程度です。アルミ電解コンデンサでは適さない急速な充放電が、電気二重層キャパシタでは可能です。また、二次電池では充放電は千回程度ですが、電気二重層キャパシタでは10万回以上の寿命があり、メインテナンスが不要となります。ただし、放電特性の違いに留意する必要があります。2次電池の場合には、一定の電圧を保ちながら緩やかに電圧が低下しますが、電気二重層キャパシタでは、キャパシタ内の電荷とキャパシタの電圧が直線的に比例して電圧降下が起こります(上図下方)。

電気二重層のキャパシタの構造原理図を下図に示します。液体の電解液に浸された固体の活性炭電極の表面にイオンが吸着します。正極と負極の界面に、それぞれ負イオンと正イオンが吸着され、電気の層が2つつくられます。この電気二重層が誘電体の代わりとして使用されるので、電気二重層キャパシタと呼ばれています。二次電池は化学反応によって電荷を蓄えているため、充電に数時間が必要ですが、電気二重層キャパシタでは正極と負極の活性炭の電極表面のイオンの吸着と脱着を利用するので、数秒の充電が可能となるのです。

要点BOX

- 電気二重層キャパシタ(EDLC)の性質は従来のコンデンサと2次電池との中間
- 高速充放電が可能で環境発電に最適

充電式電池（蓄電池）とコンデンサ（蓄電器）

パワー密度とエネルギー密度

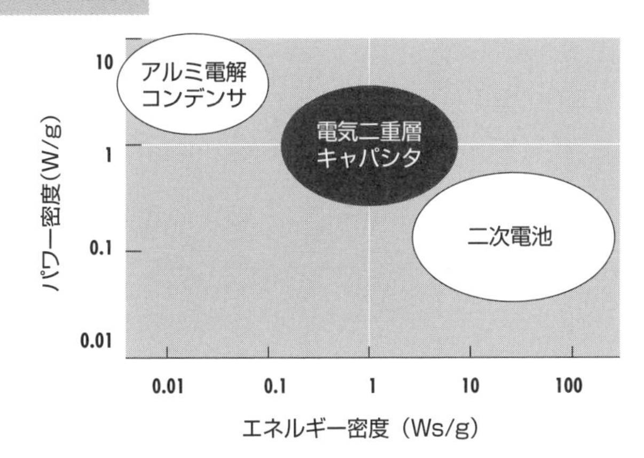

電圧特性の違い

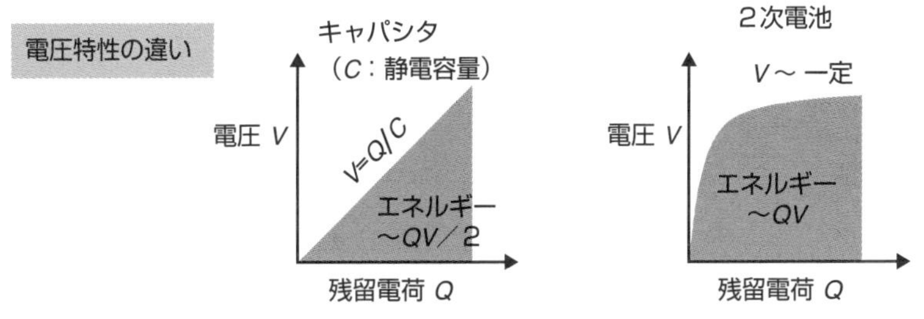

電気二重層キャパシタ（EDLC）の構造

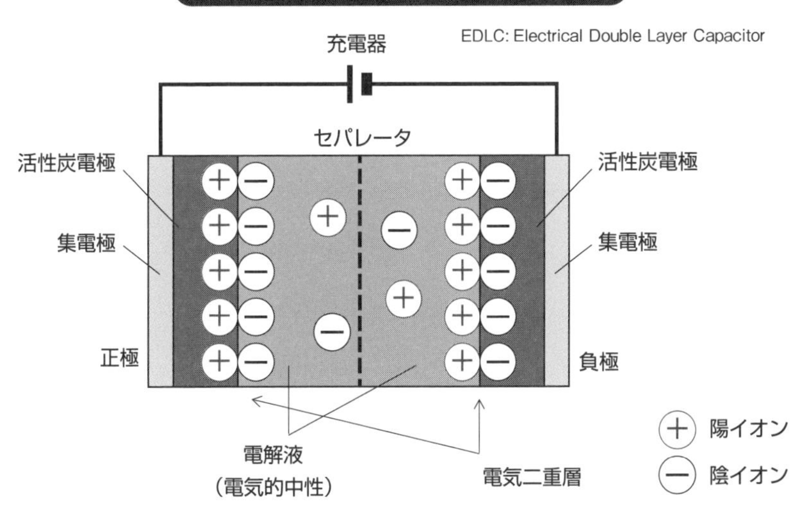

50 低消費電力の無線通信とは?

BLEやLPWA

無線機器は、高速、大容量、そして長距離通信をめざしての技術開発が行われてきています。一方、環境発電の無線デバイスとしては、低速でもよいので近距離で低消費電力であることが条件です。

無線通信は、携帯電話の広域通信網などのWAN、WiMaxなどの都市通信網MAN、WiFiなどのLAN、ブルートゥースなどの個人の周辺ネットワークのPAN、などに分類できます。さらに伝送距離が短く人体の周辺のためのネットワークはBAN と呼ばれています(上図)。

一般的な無線LANでは数ワットほどの消費電力で、百メートルほどの到達距離がありますが、より近距離のPANでは、パソコンなどのブルートゥースやその規格の低消費電力化されたBLE、ジグビーなどがあります(下図)。通信は低速で短距離ですが、安価で低消費電力であり、センサネットワークなどに適しています。ちなみに、ブルートゥースは、北欧を統一した王様のニックネーム青歯王が由来であり、ジグビーとはミツバチ(ビー)がジグザグと飛び回る様子が名前の由来です。

環境発電用無線デバイスでは、待ち受けの受信をせずに、間欠的な片側送信のみとすることで、低消費電力化をするのが一般的です。

さらに短距離の無線通信として、かざすだけで周辺機器との無線通信を可能にする技術・規格として、非接触ICチップを使ったスイカやパスモのICカードで使われているNFCや、ID情報を埋め込んだRFタグとしてのRFIDがあります。スマートフォン端末での決済もこの通信を利用しています。

低電力ながら少し広域まで通信可能な無線LPWAも開発されてきています(下図)。ドイツのエンオーシャンやフランスのシグフォックスなどの通信規格があり、電池不要のIoT無線技術として利用されています。

要点BOX
- ●自立電源の無線通信に環境発電利用
- ●近距離、低電力の無線通信としてBLEなど
- ●低電力でやや広域のLPWはIoTで重要

無線ネットワークの通信距離領域

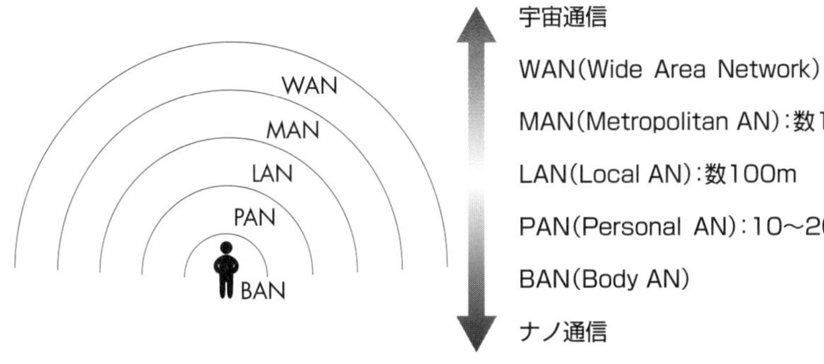

通信の高速・大電力化と遠距離化

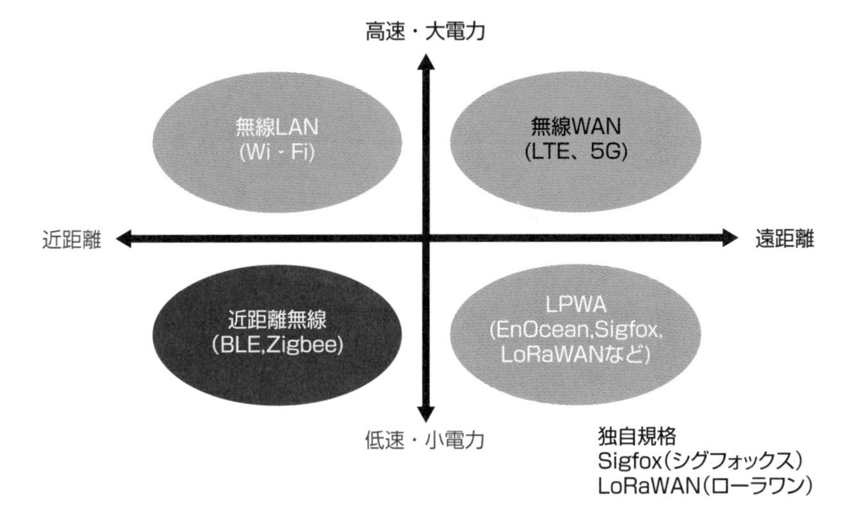

LPWA : Low Power WAN(低電力広域無線通信)
LTE : Long Term Evolution (携帯電話通信規格、長期的進化)
Wi-Fi : Wireless Fidelity(ワイファイ、ワイヤレス忠実)
BLE : Bluetooth Low Energy(ブルートゥース低エナジー)

51 無線給電の利用は?

IH調理器、ICカード、自動車給電

遠隔の機器を動作させるには、制御用の通信と電源が必要です。外部電池を使えば無線で遠隔機器を使うことができます。しかし、電池の容量で使用期限が限定されてしまいます。環境からのエネルギーを利用した独立電源を用いる環境発電ではその欠点を克服できます。しかし、微小な電力しか利用できません。多様な制御や精密な動作を行わせるためには、無線給電も有益です(上図)。

家庭での電源を考えてみましょう。電力を100ボルトのコンセントからケーブルでとることができますが、ケーブル付きが不便な場合には電池が利用されます。特に2次電池の充電にはワイアレスの電力供給(無線給電、非接触給電)が活用されます。無線給電の方式は3つに大別できます(下図)。

第1の方式はファラデーの電磁誘導の原理を応用した「電磁誘導方式」です。交流電源のコイルと負荷側のコイルを近づけることで非接触給電ができます。電動歯ブラシ、コードレス電話機、非接触ICカードなどで幅広く用いられています。IH(誘導加熱)クッキングヒーターも電磁誘導の方法を利用します。近距離での無線給電に限ります。

第2の方式は、コイルとキャパシタを用いて電磁共鳴現象を利用した「共鳴回路方式」です。少し離れての給電が可能であることが特徴であり、電気自動車の無線給電などに用いられています。

第3の方式は、電力を電磁波に変換しアンテナを介して送受信する「電波方式」です。遠方への送電も可能な方式です。電波による送電技術は、無線通信技術や環境電波発電技術とも関連した重要な技術なのです。特に、夢の発電としての宇宙太陽光発電ステーション(SSPS)での送電方式として、マイクロ波大電力送電の未来技術に期待が集まっています。電波よりも周波数の高いレーザーによる宇宙送電も開発されてきています。

要点BOX
- ●環境発電用無線は低速だが小電力
- ●無線給電は、電磁誘導、共鳴回路、電波方式
- ●宇宙でのマイクロ波送電は環境発電とも関連

無線通信と無線給電

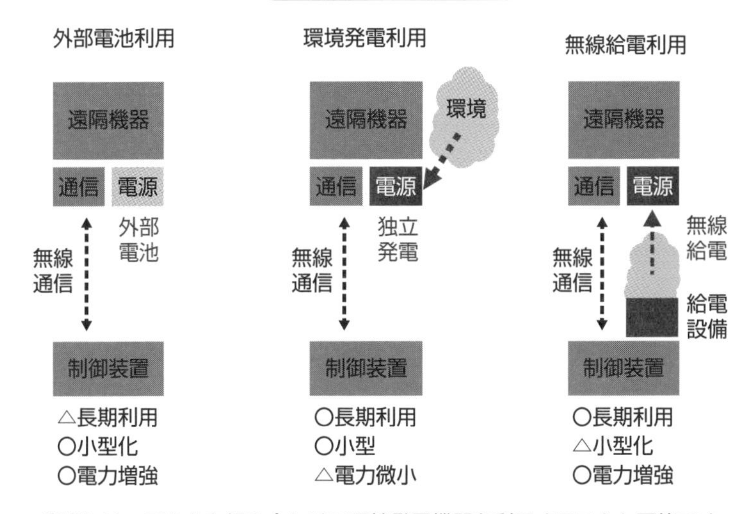

実際には、これらを組み合わせて環境発電機器を利用することも可能です。

ワイヤレス給電の方式

●電磁誘導方式（接近した給電）

IH調理器
ICカード
電動歯ブラシ充電、など

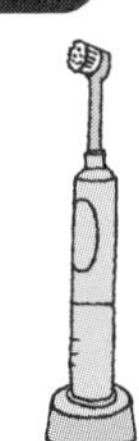

●共鳴回路方式（少し離れての給電）

電気自動車の無線給電

●電波方式（遠方への給電）

宇宙太陽光発電での
マイクロ波大電力送電

Column

電流は直流と交流、どちらが便利?

映画『エジソンズ・ゲーム』(2017年)

家庭用の電気は交流送電ですが、歴史的には、直流か交流かの確執がありました。その伝記映画が『エジソンズ・ゲーム』です。

1880年代のアメリカで電力の供給方法を巡って繰り広げられた「電流戦争」であり、直流派の天才発明家トーマス・エジソンと交流派のカリスマ実業家ジョージ・ウェスティングハウスとの戦いです。低電圧で大電流の直流送電に対して、高電圧で小電流の交流送電の方が送電損失を抑え、長距離送電が可能となります。エジソンのもとで働いていた発明家ニコラ・テスラも交流送電を提唱して、交流の発電機や送電機を考案していました。

エジソンは、交流での高電圧システムは危険であると主張し、一方のウェスティングハウスは、電圧変換の利点が危険に勝ると反論しました。最終的に、1896年のナイアガラの滝でのアダムズ発電所での交流発電・変電の実証により、交流の優位性が決定的となりました。現代ではパワーエレクトロニクスにより、直流と交流との相互変換(インバータとコンバータ)は容易となっています。

長距離の交流送電では位相がずれて電力の安定性の保持が難しくなることがあります。国内でも、本州北海道間や本州四国間で高圧直流送電が用いられています。

環境発電での小型蓄電には直流が用いられます。無線給電や無線通信には高周波の交流が使われます。私たちの生活でも、高周波から低周波の交流まで、さまざまな無線給電 51 が利用されています。

天才発明家エジソンとカリスマ実業家ウェスティングハウスとの確執

『エジソンズ・ゲーム』
原題:The Current War
製作:2017年 米国
監督:アルフォンソ・ゴメス=レホン
主演:ベネディクト・カンバーバッチ、
マイク・シャノン
配給:KADOKAWA

第9章

さまざまな環境発電の応用は？

52 電源不要のスマートウォッチ！

振動、光、熱発電のウォッチ

最近の腕時計はスマートウォッチとして目を見張る機能がついています。ただし、駆動時間は電池容量で制限されてしまいます。例えば米アップル社製のアップルウォッチでは駆動時間は18時間ほどであり、基本的にほぼ毎日充電が必要となります。

昔の自動巻き腕時計は、手の振りなどを半円形のおもりの回転エネルギーに変換してゼンマイを巻く機械式腕時計でした。その後、水晶（クォーツ）式の自動巻き電気腕時計が現れました。おもりの回転をギアにより100倍ほどに増やしてローターを高速回転させ、電磁誘導でコイルブロックに電圧を起こします。発電された電力は、2次電池（蓄電池）に蓄電して、専用の集積回路（IC）により腕時計を動かしています（**上図左**）。太陽電池式腕時計では、太陽電池ユニットを用いて光エネルギーから電気エネルギーを生み出し、2次電池に蓄電して夜間でも動く腕時計が作られました（**上図右**）。日本ではセイコー社が先駆的な開発を行ってきています。

現在では、体温を利用した熱電発電の腕時計も販売されています。腕時計の上部と下部との温度差を利用してゼーベック効果24で発電する仕組みです。温度差があればあるほど発電量は多くなるので、外気温度が低い場合や、運動などで体温が高い場合に、発電量が多くなります。体温で動く腕時計の例として、米国のマトリックス・インダストリーズ社製のパワーウオッチ（**下図**）があります。従来の熱電発電機器に比べて、高効率で低コストとなるように技術開発がなされてきています。この腕時計では、手首からの体温で駆動するだけでなく、消費カロリー、歩数、睡眠量なども計測できる機能を持っています。

最近は熱電発電と太陽光発電とを併用する腕時計も発表されています。熱電発電では夏よりも冬に十分な電気を得られますが、夏には太陽光発電が有効に働き、相補的な発電が可能となります。

要点BOX
- 振動発電と光発電の自立電源の腕時計
- 体温発電ウォッチは冬に有効、夏は太陽光発電で相補的

環境発電による電池交換不要のウォッチ

歴史的事例
振動発電、光発電

振動エネルギー

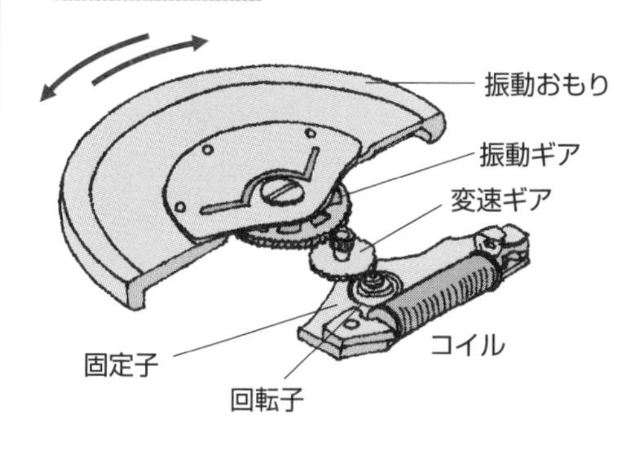

セイコーキネティック

光エネルギー

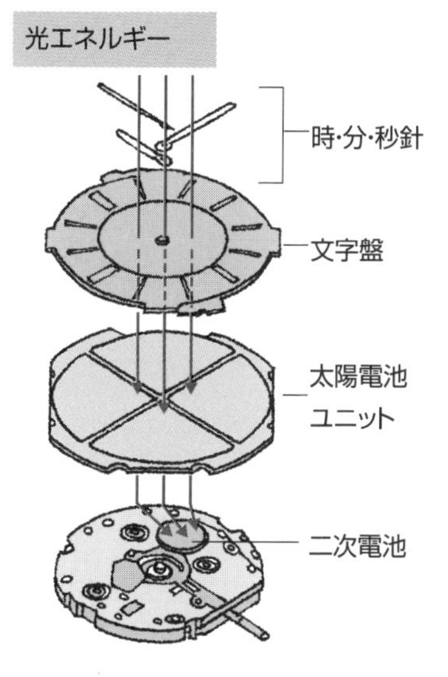

体温で発電する電池交換不要のウォッチ

最近の事例
熱発電と光発電の併用

熱と光による発電は相補的
冬は外気温が低いので熱電発電が有効
夏は太陽光発電が有効

Matrix Power Watch

出典：https://www.matrixindustries.com/

53 スイッチ発電利用のスマート照明！

電磁誘導方式と圧電方式

地球環境に優しい住宅として、創エネ、省エネ、制エネなどの機能を持ったいわゆるZEH（ゼッチ：ネットゼロエネルギーハウス）が望まれています。創エネとしての太陽光発電、省エネとしての断熱・高効率機器、そして制エネとしてHEMS（ホームエネルギー管理システム）を有する住宅です。IoTやAIなどの技術を駆使して安全・安心で快適な暮らしを実現する住宅システムはスマートハウスやスマートホームと呼ばれます。近年は、スマホで家電をコントロールしたり、スマートスピーカーを使用して声で家電を操作する技術も利用されています。

スマートハウスで省エネと配線不要の環境発電を用いた典型例として、照明制御用の無電源ワイアレススイッチがあります（上図）。スイッチを押す力学エネルギーを環境発電素子により電気エネルギーに変え、キャパシタに電気を蓄積して、その電力で照明機器（あるいは制御装置）にオン・オフの信号を送ります。

歴史的には、エンオーシャン社の電磁誘導素子の遠隔操作スイッチと、ライトニングスイッチ社の圧電素子のスイッチがあります。エンオーシャン社は、ドイツのシーメンス社で開発中の無線通信技術を中心に2001年に起業された会社です。一方、ライトニングスイッチ社は、米国のNASAから2005年にスピンオフした会社であり、国際宇宙ステーション内のスイッチにも採用されています。

これらのスマートスイッチは配線や電池が不要となるので、文化財や美術館での照明に特に有効です。スマートライフのためには、ホームゲートウェイを用いて、ハウス内のいろいろな照明をスマホやパソコンから無線で制御することもできます（下図）。例えば、ローム社のスマートライトニングがあります。フィリップ社の「ヒュー」や、イケアの「スマート照明」でも、これらの力学環境発電技術が使われています。

要点BOX

- ●エンオーシャン社の電磁誘導発電とライトニングスイッチ社の圧電発電
- ●スマートハウスのスマート照明

スイッチ発電

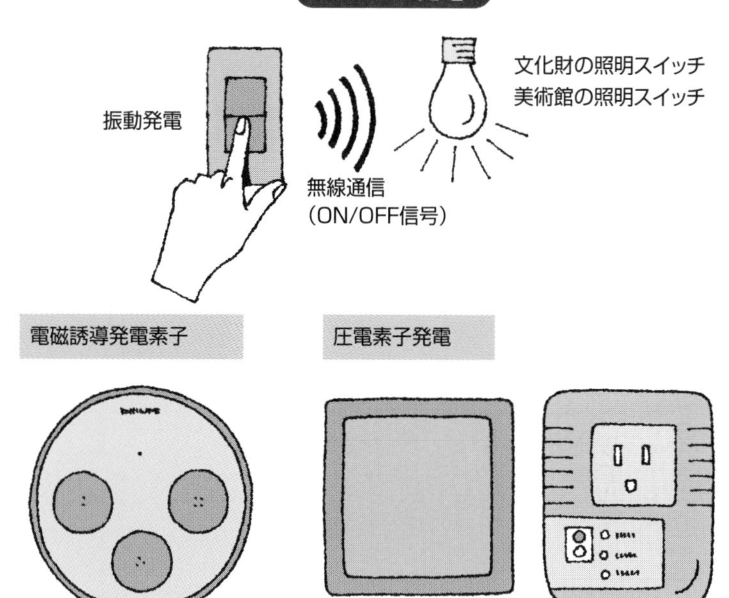

エンオーシャン(ドイツ)
国内メーカーでも開発済

ライトニングスイッチ(米国)

スマート照明

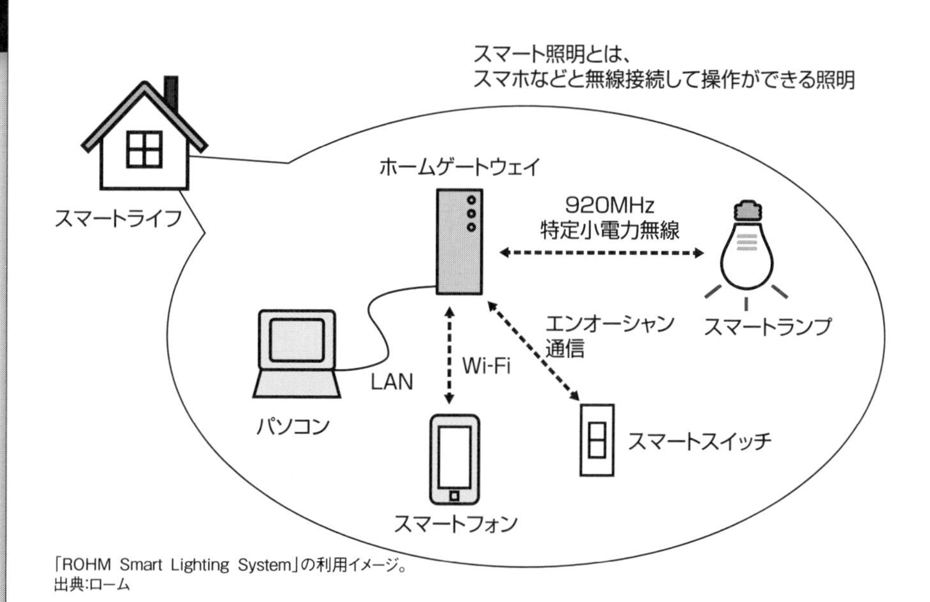

「ROHM Smart Lighting System」の利用イメージ。
出典:ローム

54 ロンドン発のスマートストリート!

電磁誘導による発電タイル

JR東日本での床振動発電実証は圧電素子を利用した力学環境発電でした[19]。床発電のもう一つの方式として、電磁誘導を使う方法があります。2012年のロンドンオリンピックに合わせて英国のベンチャー企業ペーブジェン（2004年設立）により開発されており、三角形の頂点に電磁誘導の機器をつなげた発電タイルが使用されています（上図）。踏み込むと磁石とコイルから電磁誘導の原理で電気が発生します。電磁誘導の方式では磁石とコイルが必要となり、やや複雑で大型になってしまいますが、発電効率は圧電素子に比べて高くできます。

ペーブジェンの例では、1歩の振動エネルギーは3ジュールのエネルギーで、およそ5ワットの電力を発生することができます。例えば、60キログラムの大人が片足で踏む力はおよそ6百ニュートンであり、タイルを5ミリメートルだけ沈めるとエネルギーは力と距離を掛けて3ジュールとなります。0・5秒で踏み込むとパワーは理想的には6ワットとなり、エネルギー効率を80パーセントにできるとすると5ワットになります。

このシステムを使った道路が、ロンドン市内ウエストエンド地区の通称「バードストリート」に設置されています。三角形のタイルが踏まれて生まれる運動エネルギーを電力に変える設計であり、人々が通るたびに発電し、鳥の声が流れます（下図）。夜はLEDランプが点灯します。発電によるエネルギー生成の他に、通過した人の人数などの情報も収集できます。この環境発電を利用した街並みは「スマートストリート」と称されており、ロンドンのほかに、ワシントンDCの公道や、リオデジャネイロのサッカーコートにも設置されています。

自分の小さな一歩がエネルギーを生み出すのを実感でき、エネルギー問題を改めて考えるきっかけになればと思います。

要点BOX

- 英国ペーブジェンの発電床の原理は電磁誘導
- 圧電方式に比べて複雑だが高効率
- LEDランプ点灯や鳥のさえずりの放送

発電タイル(電磁誘導)の構造

振動発電

英国スタートアップPavegen社
『発電タイル』

三角タイルの頂点の磁石がコイルに向かって動くことで、電磁誘導で発電できるしくみです
発電によるエネルギー生成の他に、通過した人の情報を収集できます。

一歩の振動エネルギーは３ジュールで５ワットの電力を生み出せます。

事例　床発電システム(電磁誘導)

振動発電

英ベンチャー企業Pavegen(ペーブジェン)
ロンドンの通称「Bird Street」

三角形のタイルが踏まれて起こる運動エネルギーを電力に変える設計で、人々が通るたびに発電し、鳥の声が流れます。夜はLEDランプが点灯します。

出典：ペーブジェン公式サイトhttps://pavegen.com/

Google Map でLondon Bird S t と検索してのストリートビューの写真でも確認できます。

55 スマートごみ箱での環境発電!

太陽光発電・蓄電による管理

都市のクリーン化にはごみ問題の対策が重要です。街角に設置したごみ箱が一杯になって溢れてしまわないような維持管理が必要となります。そこで、IoTや環境発電を利用してのスマートシティが構想されてきています。スマートシティとは、国土交通省によれば『都市が抱える諸問題に対して、ICT等の新技術を活用しつつ、マネジメント（計画・整備・管理・運営）が行われ、全体最適化が図られる持続可能な都市または地区』と定義されています。

米国のビッグベリーソーラー社の「スーパーごみ箱」では、ゴミ箱の上面に設置された太陽光パネルにより発電・蓄電されます（**上図**）。パネルは表面をプラスチックでカバーして耐久性が高められており、20ワットの発電が可能です。ゴミ箱に内蔵したセンサが蓄積状況を感知してデータを外部に送りますが、その電力は内部にある蓄電池から供給されます。

ゴミ箱に内蔵したセンサが蓄積状況を感知して、ごみがたまると自動的に圧縮して、ごみが溢れないようにクリーンに維持します。圧縮によりごみ箱の容量に対して5～6杯を保管できます。電力はソーラー発電を利用し蓄電するので、環境にやさしいシステムです。ごみ箱の状態は3G通信機能を用いてリアルタイムに通知・管理されており、回収頻度を激減させることができています。

路上にある分別ごみ箱は一般ごみ（60%）、紙（4%）、と瓶・缶（36%）の3種類です。ニューヨーク市では100個以上のごみ箱が設置されており（**図下側**）、ネットワークにより監視されているので、ごみ収集頻度を半減できているとのことです。

アメリカではニューヨーク市のほかに、フィラデルフィア市やニュートン市でもスーパーゴミ箱が採用されています。ヨーロッパでも自治体や大学がスマートゴミ箱を導入されており、日本でも2020年に原宿・表参道に30個以上が設置されました。

要点BOX
- ●太陽光環境発電によるスマートごみ箱
- ●ネットワークによりごみ蓄積の監視が可能
- ●ニューヨーク市には百セット以上設置

スマートゴミ箱によるスマートシティ

光発電

米国の
Big Belly solar社

ニューヨーク市マンハッタンのタイムズスクエアに設置されたスマートゴミ箱（左下の3種の分別ゴミ箱）

出典：http://info.bigbelly.com/casestudy/

ニューヨーク市マンハッタン中心部での
スマートごみ箱の設置図（黒丸100箇所以上）

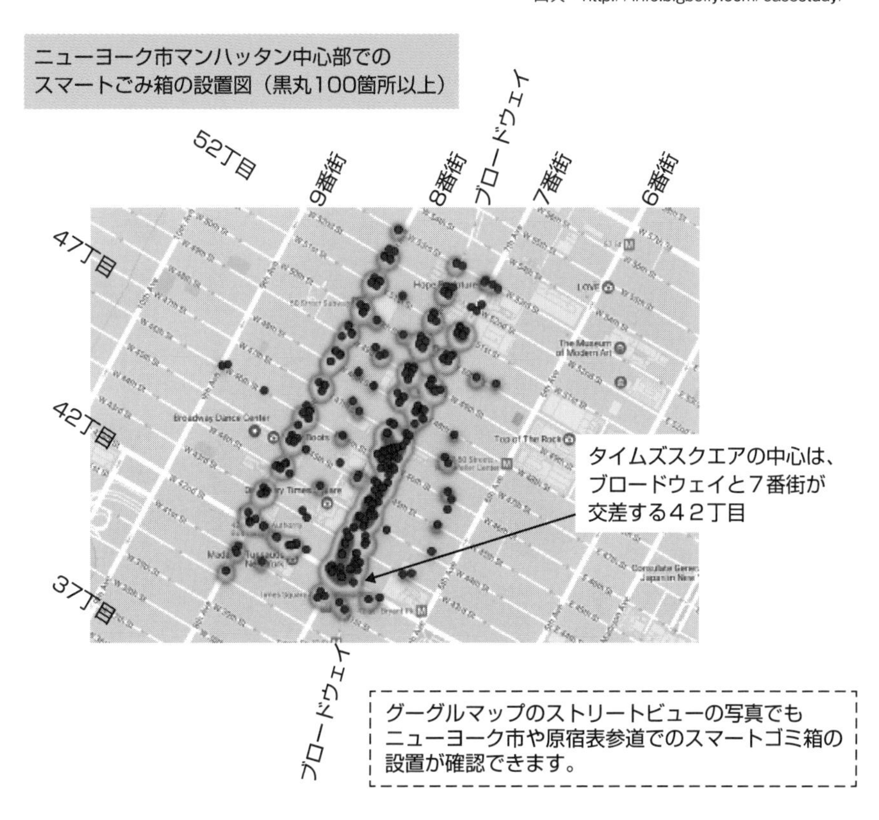

グーグルマップのストリートビューの写真でも
ニューヨーク市や原宿表参道でのスマートゴミ箱の
設置が確認できます。

56 インフラとしての道路での環境発電!

夢シス、橋のライトアップ、下水の水位監視

長距離の道路のインフラ整備、とりわけアクセスが制限されている高速道路の監視・維持には、電源確保と配線敷設が課題です。その場合、太陽光や、車走行による振動を用いた発電が利用されています。

ネクスコ東日本のユビキタス道路メンテナンス情報システム（通称：ユメ（夢）シス）を活用した「道路施設モニタリングシステム」があります。道路のり面では太陽光発電を利用したセンサ、トンネル内では振動発電を電源としたセンサが、また橋の監視にも振動発電や光発電が用いられます（上図）。測定データは近距離無線通信を用いた自動認識技術としてのRFIDにより情報が集められます。これは、高周波（RF）を用いた個別認識（ID）システムであり、集積回路を有するRFタグを取り付けて無線通信により識別・管理するシステムです

振動エネルギー利用のインフラの事例として、首都高速での荒川にかかる五色桜大橋のライトアップがあります。高速道路を走るクルマの振動エネルギーを電気エネルギーに変換し、夜間のイルミネーションの電力の一部を補うものでした。振動エネルギーでの点灯式は平成19年末に行われ、日没から深夜24時までの間点灯されていましたが、発電量が予想より少なくて不安定だったので、現在は取りやめられています。

インフラでの熱環境発電の例として、下水道氾濫検知システムがあります（下図）。ゲリラ豪雨などによる下水道の氾濫の兆候を検知するために、水位センサと熱電変換素子を設置し、マンホールの鉄蓋の温度変化から得られるエネルギーを高効率の熱電変換ユニットを用いて電力として水位測定機器に供給します。この熱電発電により、設置電池の交換周期が飛躍的に伸びることが実証されています。水位データは周期的に街路灯などに設置されたゲートウェイへ送信され、情報管理が可能となります。

要点BOX
- ●RFID利用の高速道路管理システム「夢シス」
- ●振動発電による高速道路の橋のライトアップ
- ●熱環境発電による下水の水位監視

高速道路整備モニタリング

振動発電
光発電

太陽光発電とセンサ
のり面
トンネル
橋
振動発電とセンサ
RFIDによるデータ収集

下水道氾濫検知システム

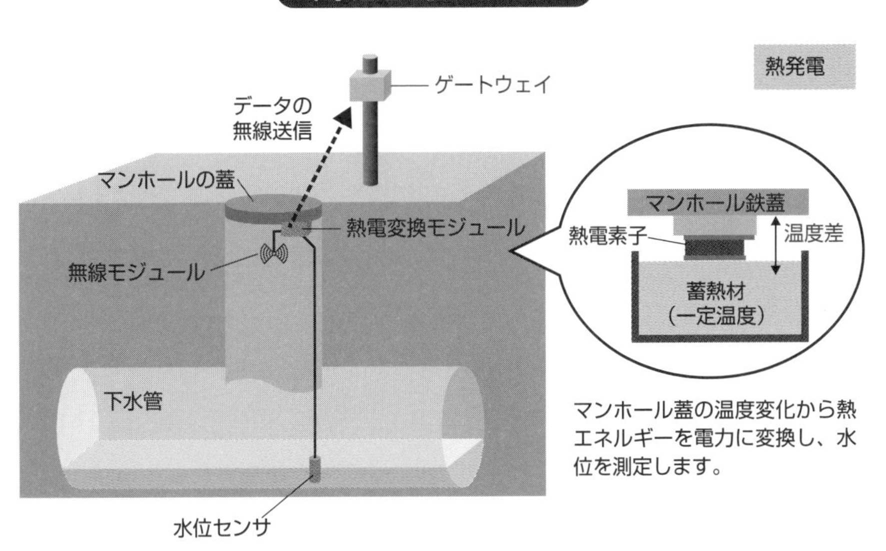

マンホール蓋の温度変化から熱エネルギーを電力に変換し、水位を測定します。

57 自動車でのいろいろな環境発電!

ソーラーカー、排熱発電、回生ブレーキ

1960年代半ばでのかつてのいざなぎ景気時代には、新3種の神器としてのクーラー、カラーテレビ、カーの3C家電が話題になりました。車は、現在では、電気や燃料電池を使った環境にやさしい自動車へと変貌してきています。

環境にやさしい自動車には、二酸化炭素の排出を低減化し、エネルギー損失を減らし、効率を高める機能が必要です。そのためには、未利用のエネルギーの活用が必要です。自動車での未利用のエネルギーとして、光、熱、運動のエネルギーがあります。光エネルギー利用の典型としては、ソーラーカーがあります。ソーラーカーの開発促進もめざして、世界でさまざまな耐久レースが開催されてきています。

一般的に、廃棄物には3Rが重要です。英語の頭文字を使って、廃棄物の❶リデュース(低減)、❷リユース(再使用)、❸リサイクル(再生利用)です。自動車での排熱の有効利用についても同じであり、熱の3Rと呼ばれています(上図)。

例えば、冬季での自動車の熱の利用について考えてみましょう。第❶の熱のリデュースでは、車本体からの放熱の削減としての遮熱、断熱の技術が用いられます。第❷の熱のリユースとしては、エンジンの暖気の室内暖房への利用や、外気熱を利用したヒートポンプのエアコンの運転があります。第❸の熱のリサイクルが、熱以外のエネルギーへの変換であり、熱電素子利用の排熱発電がこれに相当します。

車の走行エネルギーの利用として、回生ブレーキによるエネルギー利用があります(下図)。電気自動車やハイブリッド自動車では、加速時には電気モータを利用した電動加速が行われます。一方減速時には、モータにより運動エネルギーを電気に変換し、車のバッテリへの充電に利用されます。回生ブレーキの利用は自動車以外に、電車、エレベーター、電動アシスト自転車などにすでに利用されています。

要点BOX

- ●3R:リデュース、リユース、リサイクル
- ●排熱発電による熱のリサイクル
- ●回生ブレーキによる電気自動車での力学発電

自動車の熱エネルギーの節約

光発電
熱発電
力学発電

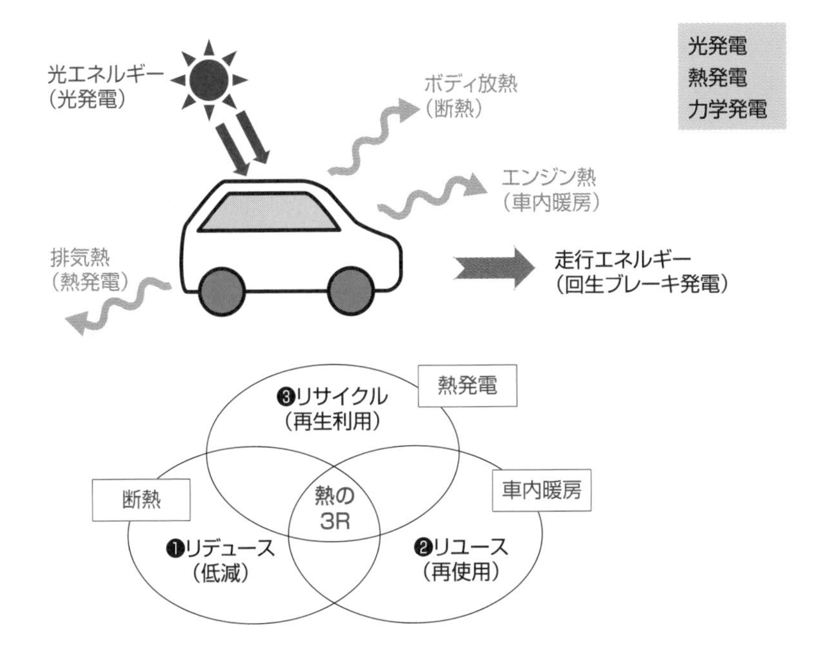

自動車のエネルギー回生

力学発電

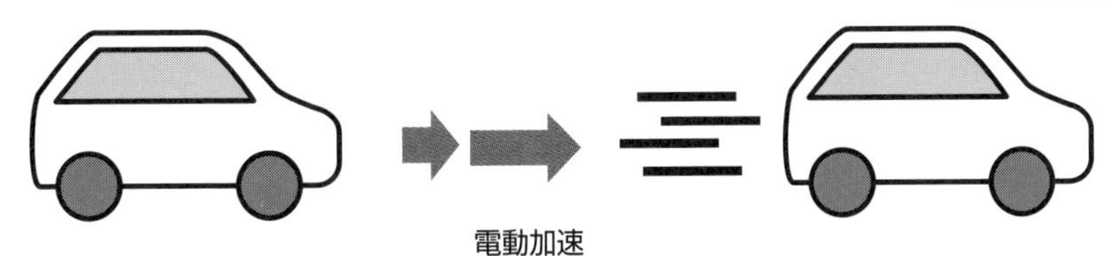

電動加速
(モータにより、電気エネルギーを運動エネルギーに変換)

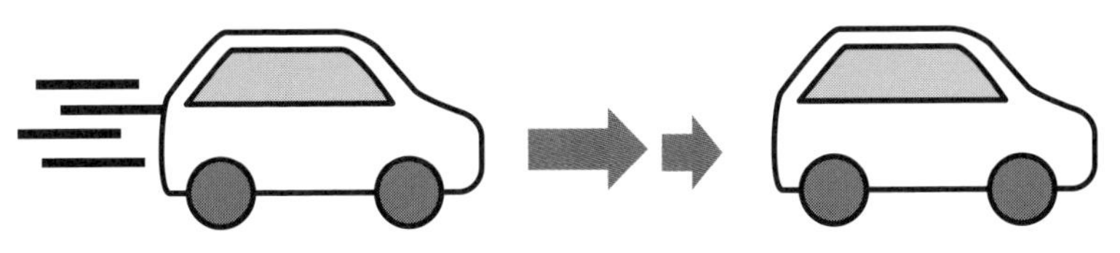

回生ブレーキ減速
(モータにより、運動エネルギーを電気エネルギーに変換)
燃料節約可能

58 火山観測で活躍する環境発電!

REGMOS

災害時や非常時には、いろいろな電子機器に非常電源が必要となりますが、メインテナンス不要の自立・独立電源での観測システムは非常に重要です。例えば、火山近くの観測は、火山噴火時には保守点検は困難であり、自立電源の観測機が絶対必要です。

火山の分類として、かつては活火山、休火山、死火山などの定義がありました。しかし、数千万年の間に休火山であったとしても、突然噴火する場合があり、現在は「活火山」と「活火山以外」とに分類されています。2003年に火山噴火予知連絡会で、活火山とは「概ね過去1万年以内に噴火した火山及び現在活発な噴気活動のある火山」とされており、日本には111個の活火山があります。活火山の近傍で詳細な地殻変動を捉えるためには、火山活動の常時監視が必要です。一般的に、電源は「系統連携」か「独立蓄電」のどちらかです。系統連携では電力会社の送電線につないで、電力会社からの電気と太陽光発電の電気の両方を利用する方式です。一方、独立蓄電では他の送電線とは接続せず、発電した場所でのみ電力を使用します。人里離れた場所での観測には、独立電源の環境発電システムが利用されています。

日本では国土地理院によりGNSS火山変動リモート観測装置（REGMOS、レグモス）が設置されています。太陽電池と衛星電話を使い、電力や通信手段のない場所でも観測可能なシステムがつくられています。上図には北海道の駒ケ岳と霧島山の太陽光発電を利用した観測装置のイラストを示しています。日本の活火山でのレグモスは、北海道に4箇所の火山、本州に3箇所、九州、そして硫黄島の合計9か所の火山に設置されています(下図)。

太陽光での独立発電・蓄電システムは、火山観測のほかに、遠隔地の灯台やへき地の環境モニタリングシステム、人工衛星や宇宙ステーションでも利用されています。

要点BOX

- ●国土地理院の火山変動観測装置レグモス
- ●日本の活火山は111か所
- ●レグモスは9か所の活火山を観測中

国土地理院のレグモス(REGMOS*)

北海道駒ヶ岳　REGMOS-H

霧島山　REGMOS-mini(改良組み立て式)

出典：http://www.gsi.go.jp/kidou/regmos.html

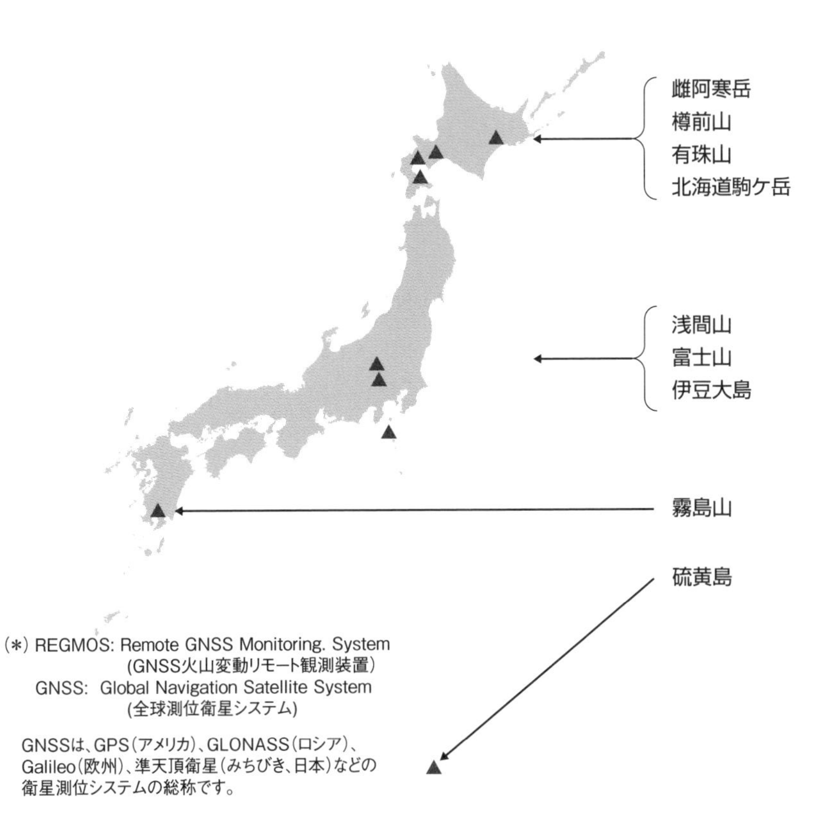

(*) REGMOS: Remote GNSS Monitoring. System
(GNSS火山変動リモート観測装置)
GNSS: Global Navigation Satellite System
(全球測位衛星システム)

GNSSは、GPS(アメリカ)、GLONASS(ロシア)、Galileo(欧州)、準天頂衛星(みちびき、日本)などの衛星測位システムの総称です。

59 人体のエネルギーで発電する!

汗発電と摩擦発電

人が運動するとき、さまざまなエネルギーを放出します。この人体のエネルギーを利用したウェアラブル発電デバイスが、いろいろと開発されてきています。これまで体温エネルギーや手の運動エネルギーを電気エネルギーに変える環境発電として、腕時計ですでに商品化されています。

生物化学エネルギーと生物機械エネルギーの両方を利用した環境発電デバイスも開発されてきています。人体から発する汗と腕の動きから生じる摩擦静電気とを抽出して、電子機器に電力を供給するシステムをシャツに組み入れた「ウェアラブル・マイクログリッド(小型発電網)」であり、アメリカ・カリフォルニア大学サンディエゴ校で開発されてきています(**図**)。ここには、摩擦ジェネレータ(TEG)、バイオ燃料電池(BFC)、そして、蓄電のためのスーパーキャパシタ(SC)の3つが組み合わされています(**下図**)。

摩擦電気発電(TEG)では、歩行時の腕の振りと身体との間で静電気が生まれ、これをスーパーコンデンサに蓄電します。汗はバイオ燃料電池(BFC)として利用されます。汗には乳酸塩が含まれており、燃料電池内の酵素により乳酸塩と酸素分子との間で電子が交換され、発電することができます。

摩擦ジェネレータでは歩き始めればすぐに発電が行われますが、歩行をやめれば発電もすぐに止まってしまいます。一方、バイオ燃料電池は汗をかくまで発電できませんが、運動を止めても汗は残るのでしばらく発電を続けることができます。

両システムの特徴を組み合わせたおかげで、バイオ燃料電池単体のときよりも2倍早く、摩擦ジェネレータ単体のときよりも3倍長く電気を供給できることが確認されています。システムを組み合わせたデバイスをシャツに取りつけて、時計やスマホなどの充電に利用できることが期待されています。

要点BOX
- ●汗の乳酸塩を利用したバイオ燃料電池発電
- ●摩擦を利用した摩擦静電発電
- ●2つを組み合わせた効率的な環境発電

摩擦発電とバイオ燃料電池のシャツ

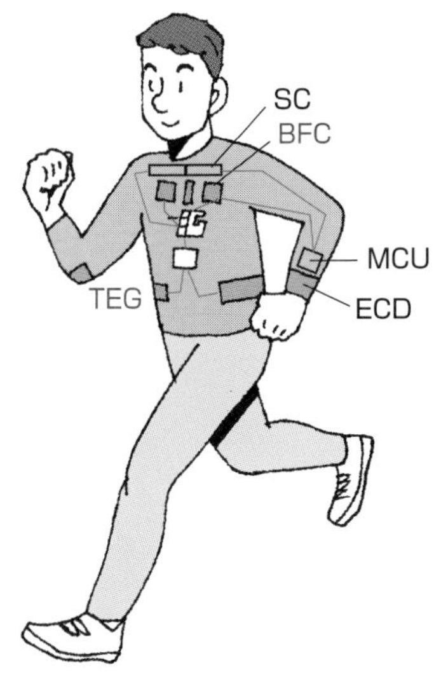

摩擦発電
バイオ発電

TEG : triboelectric generator（摩擦電気発電）
BFC : microbial biofuel cell（微生物燃料電池）

Biochemical Energy
（生体化学エネルギー）→BFC
Biomechanical Energy
（生体力学エネルギー）→TEG

ECD : electro - chromic display（エレクトロクロミックディスプレイ）
SC : supercapacitor（スーパーキャパシタ）
MCU : microcontroller unit（マイコン、マイクロコントローラ）
LCD : liquid crystal display（液晶ディスプレイ）

カリフォルニア大学バークレイ校

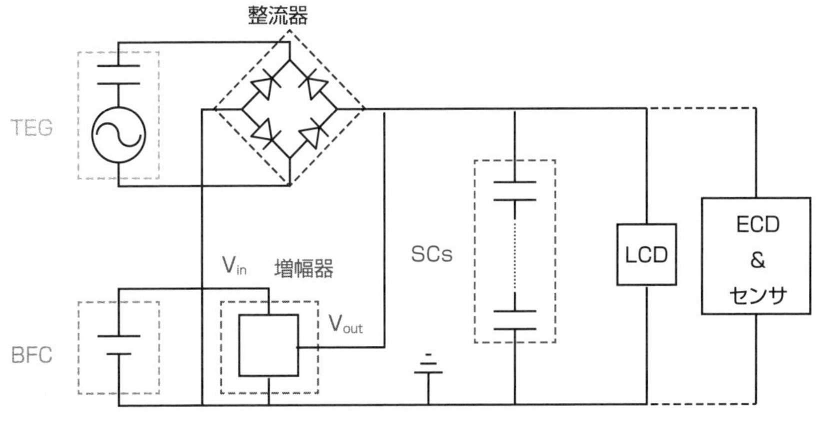

出典:https://www.nature.com/articles/s41467-021-21701-7

生物電池は、生体触媒 (酸素さんそやクロロフィルなど)や微生物を使った生物化学的な変化を利用して電気エネルギーを発生させる装置です。生物太陽電池や生物燃料電池などの種類がありますが、まだ研究段階のため、今後の展開に期待がかかっています。

60 振動や体温利用の心臓ペースメーカー!

自然のペースメーカーは洞結節

生きている生体からの信号はバイタルサイン(生命兆候)とよばれ、呼吸、脈拍、体温、血圧の4つが基本となっています。ポンプとしての心臓の働きにより、血液が全身に送り出され、生命活動が維持されています。心臓の右心房にある洞結節からの刺激が電気信号として心室や心臓全体に伝わり、血液を送り出します。洞結節が自然のペースメーカーに相当します(**上左図**)。この刺激が正常に伝わらないと不整脈が起きてしまいます。とくに、心拍が正常より遅くなる不整脈(徐脈性不整脈)の場合には、これを治すために人工的なペースメーカーを体に埋め込み、心筋に電気刺激を与えることで平常の脈拍数に戻します(**上右図**)。

インプラントデバイス(埋め込み機器)としてのペースメーカーの電池は、通常7年から10年であり、電池交換のための手術が必要となっていました。そのため、装置の小型化や電池の長寿命化が進められてきています。とくに、自立発電できるペースメーカーは長年の夢であり、長い導線(リード)もなくすることが理想です。

ペースメーカーに用いられる環境発電としては、心拍からの振動エネルギーによる振動発電や、体温による熱発電など、さまざまな方式が提案・開発されてきています。

振動発電方式としては、ペースメーカー本体からのリード(導線)部分に圧電性の柔らかな樹脂製フィルムを取り付け、フィルムの一端だけを固定して心臓の拍動に反応して動かし、電力を発生させ、2次電池に蓄電します(**下左図**)。熱発電方式では、ペースメーカーの温度が体の中心側で37℃、皮膚側で36℃として、熱電素子により数十マイクロワットの発電が可能となります(**下右図**)。これらによるペースメーカの小型化、長寿命化、信頼性・耐久性向上のための技術開発が現在も進められています。

要点BOX
- 右心房の洞結節が自然のペースメーカー
- 人工のペースメーカーとして、心筋の振動または体温を利用した発電の開発中

心臓ペースメーカー

心臓の刺激伝達

自然のペースメーカー
=
洞結節
（発電所）
左心房
右心房
房室結節
（関所）
右心室
左心室
電気信号

従来の人工ペースメーカー

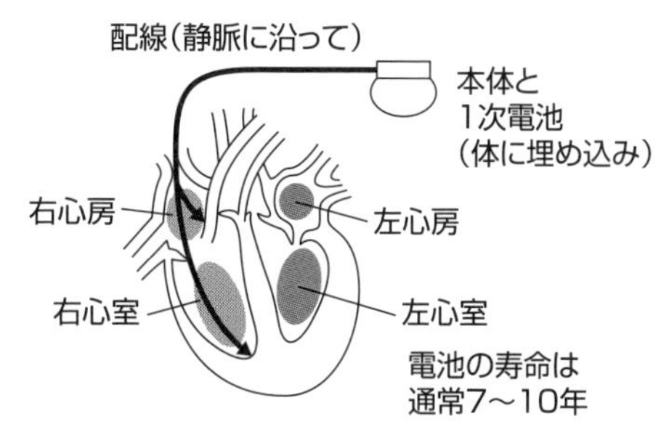

心臓の動きで発電

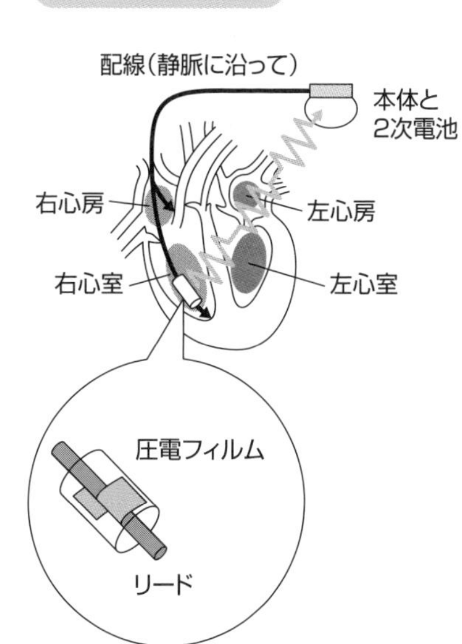

体温で発電

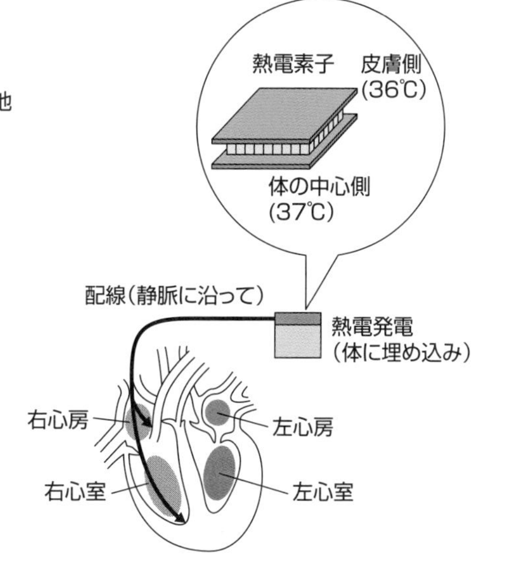

小型化や信頼性と耐久性向上のための技術を開発中

Column

インターネットはIoTからIoHへ!

映画『ザ・インターネット』（1995年）

この映画は、コンピュータネットワークの黎明期のスリラー作品です。プログラマーの主人公アンジェラが、知人から送られてきたフロッピーディスクを手にしたことから、命の危機にさらされることになります。映画のキャッチコピーは、「彼女の存在の記録は、すべて消去された」です。

本作品では、懐かしいブラウン管式の箱型ディスプレイやフロッピーディスクが登場しますが、情報基盤の世代5の進展を物語っています。

かつての国連のミレニアム開発目標（MDGs）の成果として、貧困率の減少や初等教育就学率の上昇のほかに、インターネットの普及率が2000年に世界人口の6%だったものが2015年には43%まで増加し、32億人がグローバル・ネットワークとつながったとされています。

現在のインターネットはIoDからIoTへと変遷してきており、さらに、IoH[64]や、すべてのもの(Everything)がインターネットにつながるIoEの世界が予測されています。

多数の小さなセンサやアクチュエータがつながるIoTの進展に、環境発電が一役を買っています。

なお、2006年に続編『ザ・インターネット2：美しき逃亡者』がプログラマーの逃亡劇スリラーとして公開されていますが、インターネットはあまり登場しません。

サンドラブロック主演の
ザ・インターネット

『ザ・インターネット』
原題:The Net
製作:1995年　米国
監督:アーウィン・ウィンクラー
主演:サンドラ・ブロック、ジェレミー・ノーサム
配給:コロンビア映画

第10章

環境発電の未来は？

61 環境発電の課題は?

消費電力、信頼性、寿命、価格

環境発電技術は、適切な活用が必要です。エネルギー源問題を解決するような大規模な省エネルギー対策は期待できませんが、高価であっても電源供給配線や外部電池が不要であるというメインテナンスのしやすさや使いやすさが特徴の発電です。微小なエネルギーの機器に関して有効であり、特にメインテナンスフリーのIoT機器に最適です。

環境発電の導入が期待されるのは、システムの電池交換や電源配線が困難な場合に限定されます。発電、蓄電、無線通信、電源制御、そして、価格についての条件を上図にまとめました。

環境発電システムとしては、❶発電技術では、高効率で長寿命の機器が望まれます。❷蓄電技術では、電力のリークが少なく、急速充放電が多数回可能でかつ長寿命の機器が必要です。❸無線通信技術では、間欠動作が可能で、高信頼性と低消費電力化のバランスが重要になります。❹通信やセンサ、アクチュエータなど負荷機器のための電源制御回路などの電子部品では、低消費電力化が不可欠です。❺環境発電技術を普及させるためには、コストにも留意することが必要です。微小電力のモバイルやウェアラブル機器には通常ボタン電池が使用されていますが、自給電源をボタン電池以上の低価格にすることは容易ではありません。高価であっても、システムのメインテナンスフリーの利便性や、環境に優しいという社会性などを勘案して、総合的にメリットがある場合に環境発電の導入が有効となります。

環境発電の具体例として、無線センサネットワーク(WSN)についてのセンサ、ネットワーク、電源の条件を左ページに記しました。自立発電の必要性は、通常時以外にも、災害時では台風や津波などのエネルギー利用の可能性、さらに、宇宙空間では太陽エネルギーの利用に必要です。自立発電が困難な場合には、無線給電が重要になってきます。

要点BOX

- 高効率で低電力化で長寿命の発電技術
- 利便性を含めた総合的なコスト評価が必要
- 自給自足の環境発電か、遠方からの無線給電

環境発電の課題

電池交換や電源配線が困難な場合に、
環境発電技術が必要

❶発電技術	高効率化と長寿命化
❷蓄電技術	低リーク特性、充放電サイクルと長寿命化
❸無線技術	間欠動作必要、高信頼性と低消費電力化のバランス
❹電源制御回路や負荷電子部品（マイコン、センサ、アクチュエータなど）	低消費電力化
❺コスト低下	ボタン電池に比べて低価格化は困難だが、メインテナンスなど総合的に低価格化

具体例 ： 無線センサネットワーク（WSN：Wireless Sensor Network）

センサ	小型化、どこでも設置可能
ネットワーク	無線化、低消費電力化
電源	コイン電池から、電池不使用で環境に優しく

自立電源の必要性

通常時	へき地 人体内
災害時	台風発電 雷発電 津波発電
宇宙	太陽圏 恒星間

周辺のエネルギーで発電 ⟶ 環境発電

電磁波の利用で給電 ⟶ 無線給電

62 宇宙環境エネルギーの活用は?

宇宙開発と放射線利用

人類はISS（国際宇宙ステーション）を足掛かりにして、宇宙にはばたき始めています。宇宙空間では機器の自由なメインテナンスができないので、独立電源が必要となります。太陽系内の宇宙ステーションでは典型的には太陽電池を使っての太陽光発電が利用されます。宇宙太陽光発電（SSPS）による宇宙空間での発電とマイクロ波による地上への無線送電の開発も進められています。宇宙での無線通信や無線送電は非常に重要です（**上図**）。

太陽の陰になる場所や、ボイジャー計画での太陽系外への航行のためには、放射線の放射エネルギーによる熱を使った発電「原子力電池」が使われています（**中図**）。放射性物質を内部熱源としたペレットを積み上げたモジュールをつくり、その周りに熱電発電素子のモジュールを配置します。放射線源としては、エネルギーは高いが物質への透過力が低いアルファ粒子を放射するプルトニウム238などの半減期の長い同位体が用いられます。外部には放熱フィンを取り付けて内外の温度差をつくり発電します。放射性同位体熱電気転換器（RTG）と呼ばれています。太陽光が弱い火星での探査機キュリオシティでも活用されてきました。

宇宙空間にあふれているエネルギーとして、ガンマ線などの宇宙電磁波や、高速の陽子線や電子線などの宇宙粒子線があり、総称して宇宙線と呼ばれています。これを利用する宇宙線発電もあります（**下図**）。高エネルギーの電子線や陽子線が物質中を通過するとその軌跡に沿って電子と正孔が生まれます。これにより誘起電流が流れ、観測や発電に利用することができます。

宇宙空間での遊泳では、常に人体への影響を気にかける必要があります。これらの宇宙線エネルギーも宇宙環境発電として利用される時が来ると思われます。

要点BOX
- ●宇宙太陽光発電によるマイクロ波送電
- ●放射線エネルギーから熱電発電の原子力電池
- ●宇宙線による電離を利用した発電

宇宙での無線通信と無線送電

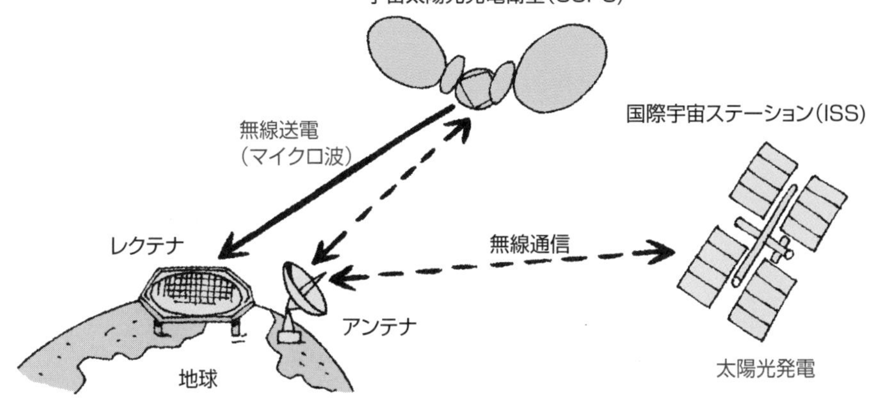

原子力電池(放射線による熱電発電)

放射性同位体熱電気転換器
(RTG：radioisotope thermoelectric generator)

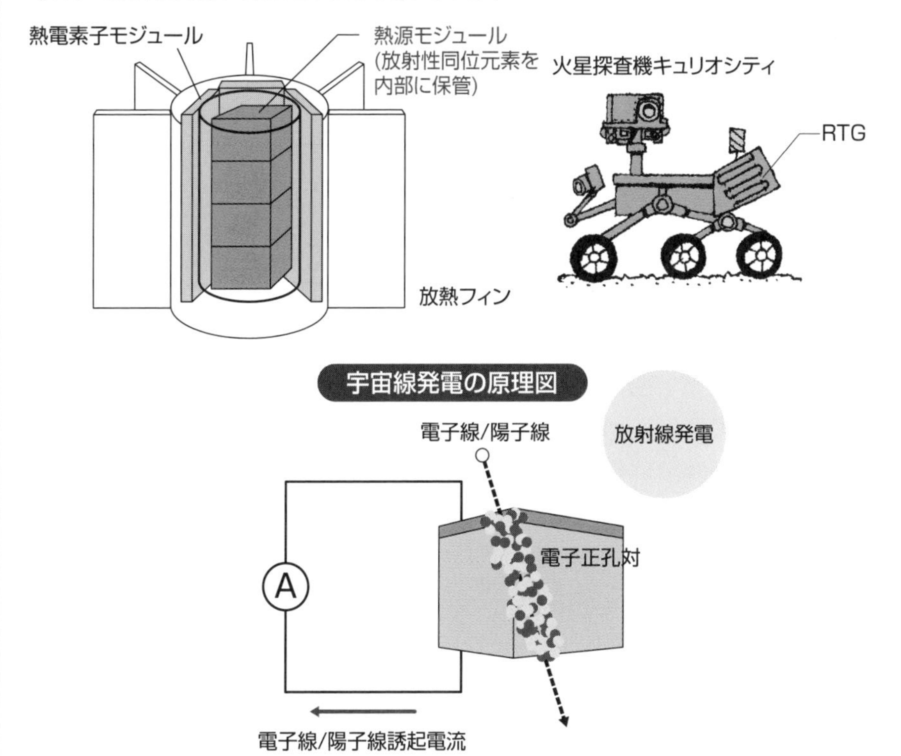

63 社会の進展と環境発電は?

インダストリー4.0とソサエティー5.0

科学技術の発展のおかげで、私たちの生活は非常に便利になってきました。「インダストリ4.0（独：Industrie 4.0）」とドイツで呼ばれる「第4の産業革命」が現在進んでいます。工業のデジタル化によって21世紀の製造業のしくみを根本的に変え、製造コストを大幅に削減することを目的としています（図の右側）。

同様に、日本では内閣府『第5期科学技術基本計画』で「ソサエティ5.0（Society 5.0）」が2016年に提唱されています（図の左側）。狩猟社会（ソサエティ1.0）、農耕社会（ソサエティ2.0）、明治から昭和時代の工業社会（ソサエティ3.0）、そして平成時代の情報社会（ソサエティ4.0）です。それに続き、令和時代の現在の目標としてのソサエティ5.0は、IoT、ロボット、AI（人工知能）、ビッグデータなどの技術により、サイバー空間（仮想空間）とフィジカル空間（現実空間）との革新的融合を目指す未来社会（超スマート社会）です。現在これを駆動している技術がIoTです。

これまでのソサエティ4.0の情報社会では、知識や情報が共有されず、分野横断的な連携が不十分であるという課題がありました。あふれる情報から必要な情報を見つけて分析する作業が困難でした。

ソサエティー5.0の超スマート社会では、IoTで全ての人とモノがつながり、いろいろな知識や情報（ビッグデータ）が共有されて新らしい価値が生み出されることで、これらの課題を克服することができます。また、AIにより、必要な情報が必要な時に得られるようになり、ロボットや自動走行車などの技術で、地方の過疎化、少子高齢化、貧富の格差などの課題が、社会が変革（イノベーション）されることで克服されることが期待されています。環境発電（エネルギーハーベスティオング）はこの技術革新に深くかかわり、推進されているのです。

要点BOX
- ●ソサエティ5.0はIoT、ロボット、AI、ビッグデータの超スマート社会
- ●サイバー空間とフィジカル空間の融合

社会と技術の発展

内閣府『第5期科学技術基本計画』での
ソサエティ5.0

ソサエティ1.0
狩猟社会

（縄文時代）

ソサエティ2.0
農耕社会

（弥生時代〜江戸時代）

ソサエティ3.0
工業社会

（明治時代〜昭和時代）

ソサエティ4.0
情報社会

（平成時代）

ソサエティ5.0
超スマート社会

（令和以降）

ドイツの国家プロジェクトとしての
インダストリ4.0

インダストリ1.0
第1次産業革命
1800年頃
蒸気・機械産業

インダストリ2.0
第2次産業革命
1900年頃
発電・電機産業

インダストリ3.0
第3次産業革命
2000年頃
IT革命

インダストリ4.0
第4次産業革命
2011年〜
AI・IoT革命

ロボット、AI
IoT、ビッグデータ

エネルギーハーベスティング（環境発電）技術

64 IoTからIoHへ?

「人間」のインターネット

私たちの身の回りにはさまざまなコンピュータがあふれています。PCやスマホはもとより、テレビ、エアコン、キッチン家電、自動車、電車、医療機器などにコンピュータが内蔵されており、通信・制御がなされています。

情報通信技術(ICT)のデバイスの進展は目覚ましいものがあります(図)。かつての卓上型パソコンと端末機器からつくられたデスクトップスシステムから、モバイル型のノートパソコンやスマートフォンが普及しました。およそ50年前に誕生したインターネット技術でパソコン同士がつながれたIoD(デジタルのインターネット)の社会です。

ICTデバイスはさらに小型化され、身に装着可能な(ウェアラブル)となり、スマートウォッチやスマートウェアなどに利用されてきています。さまざまな機器としての「モノ」がインターネットがつながり、手元でモノの制御が可能であると同時に、モノ同士が自動的に制御されるようになる、いわゆるIoTシステムがつくられてきています。

ICTデバイスは、ウェアブル(身に着け型)からインプランタブル(埋め込み型)へと進化しています。インターネットは「モノ」から「人間」につながるようになり、IoTからIoH(人間のインターネット)へと変遷しています。スマートグラスからスマートコンタクトレンズへと変遷し、さらにマイクロチップを手などの体内に埋め込む方式が開発されてきているのです。「マイクロチップ・インプラント」はペットでは実証されていますが、IT先進国としてのスウェーデンやアメリカでのある会社では、アクセスや支払いのためにすでに数千名以上の従業員に導入されてきています。

以上のIoTに必要なセンサやウェアラブル端末に環境発電技術が利用されていますが、将来のIoHデバイスにも活用されることが夢見られています。

要点BOX
- ●モバイルデバイスのつながるIoD社会
- ●ウェアブルデバイスによるIoT社会
- ●マイクロチップ・インプラントによるIoH

ＩＣＴデバイスの進展

ICT: Information and　Communication Technology
（情報通信技術）

デスクトップ（卓上型）

デスクトップパソコン
入出力端末

IoD
(Internet of Digital)

モバイル（可動型）

ノートパソコン
タブレット
スマートフォン

IoT
(Internet of Things)

ウェアラブル（装着型）

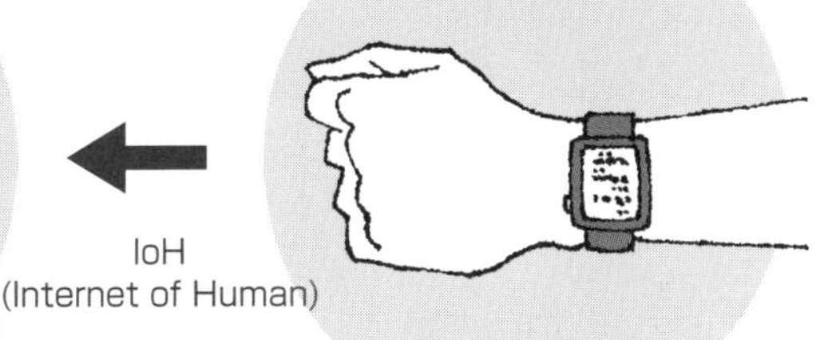

スマートウォッチ
スマートウェア
スマートグラス
↓
スマートコンタクトレンズ

IoH
(Internet of Human)

インプランタブル（埋め込み型）

デジタルメディスン
スマートアイ
ナノボット（ナノロボット）

遠い将来には、手や脳に埋め込まれたデバイスがAI技術とビッグデータ技術とが融合されて、社会の有機的なネットワークが構築されるかもしれません。

Column

火星でひとり生き残る?

映画『オデッセイ』(2015年)

人類が月に足を踏み入れたのは1969年ですが、米航空宇宙局（NASA）では、あれから60年ほどの2030年なかばには火星に人を送りたいとしています。

映画『オデッセイ』では、火星にひとりとり残された宇宙飛行士のサバイバルを緻密な科学描写とともに描かれています

火星での有人探査アレス3号は、嵐に巻き込まれてしまい、クルーの植物学者マーク・ワトニーが死亡したと判断され、仲間は地球に帰還してしまいます。しかし、奇跡的に死を免れて火星にとり残されたワトニーは、酸素は少なく、水も通信手段もなく、食料は31日分という絶望的環境で、4年後の次の探査船を待ち、科学を武器にして生き延びようと模索します。

人間が生き抜くためには、空気、水、食物、そして電気が必要です。映画では、排泄物によるジャガイモの栽培、水素燃焼での水の生成、原子力電池62に内蔵されている放射性同位体による暖房、などを試みます。参考までに、ISSでは水再生システムにより尿から飲料水が作られていますし、水の電気分解42や緊急時の固体の過塩素酸カリウムの加熱分解により酸素を得ることができます。

人類は近い将来火星に到達できるでしょうが、映画のように2030年には不可能かもしれません。いずれ、人類は月から火星へ、そして太陽系外へと航行すると期待されます。その場合には、宇宙での環境発電62による自給自足も重要になってくることでしょう。

宇宙飛行士ワトニーによる火星での家庭菜園

『オデッセイ』
原題：The Martian
原作：アンディ・ウィアー『火星の人』(2011年)
製作：2015年　アメリカ
監督：リドリー・スコット
出演：マッド・デイモン、ジェシカ・チャステイン
配給：20世紀フォックス映画

【参考文献】

●「環境発電ハンドブック～電池レスワールドによる豊かな環境低負荷型社会を目指して～」監修　鈴木雄二、NTS（2012）

●「エネルギーハーベスティング－身の周りの微小エネルギーから電気を創る〝環境発電〟」堀越　智、竹内敬治、篠原真毅　日刊工業新聞社　（2014）

●「トコトンやさしい太陽エネルギー発電の本」山﨑耕造　日刊工業新聞社　（2010）

●「トコトンやさしいエネルギーの本（第2版）」山﨑耕造　日刊工業新聞社　（2016）

●「トコトンやさしい電気の本（第2版）」山﨑耕造　日刊工業新聞社　（2018）

●「楽しみながら学ぶ物理入門」山﨑耕造　共立出版　（2015）

●「楽しみながら学ぶ電磁気学入門」山﨑耕造　共立出版　（2017）

スマートホーム――130
スマートマウス――84
静電誘導――42
性能指数Z――60,62
ゼーベック効果――60,62,64
ソサエティ5.0――152

タ

太陽電池の分類――80
田んぼ発電――106
蓄電の方法――118
超スマート社会――152
デジタル医薬品――110
電気二重層キャパシタ(EDLC)――120
電気ウナギ――108
電磁波の分類――88
電磁誘導の法則――40
電池の種類――118
電波発電――92,96,98
トランスデューサ――14,116

ナ

熱機関――58
熱磁気発電――64
熱電子発電――68
熱電発電――60,62,70
熱の仕事当量――56
ネルンスト効果――64
熱光起電力(TPV)――68

ハ

バイオ燃料電池(BFC)――142
パイロエレクトリック効果――68
発電靴――50
発電単価の比較――26
発電鍋――70
半導体――78
ビーコン――84
ピエゾエレクトリック効果――44,68
微生物燃料電池(MFC)――104,106,112
ビラリ効果――46
ファラデー――40
フラッピング振動――48
プランクの放射則――74
ペースメーカー――144
ベルヌーイの定理――36
ペロブスカイト――44
放射性同位体熱電気転換器(RTG)――150

マ

マイクロチップ・インプラント――154
摩擦発電(TEG)――142
無線給電――124,148

ヤ

床発電――50,132
ユビキタス――18,136
夢シス――136

ラ

力学環境発電の原理――38,48
ルーメン――76
ルクス――76
レクテナ――94

索引

英数

3R ―― 138
6G ―― 18
ATP ―― 102
BFC ―― 142
BLE ―― 84,122
EDLC ―― 120
IoH ―― 154
IoT ―― 18,154
LPWA ―― 123
MEMS ―― 46
MFC ―― 104,112
PZT ―― 44,68
REGMOS ―― 140
RTG ―― 150
SDGs ―― 20
TEG ―― 142
TPV ―― 68

ア

圧電効果 ―― 44
アンビエントパワー ―― 10
異常ネルンスト効果 ―― 64
インダストリ4.0 ―― 152
インプラントデバイス ―― 144
力学エネルギー ―― 36
宇宙太陽光発電 ―― 150
エネルギーハーベスティング ―― 10
エネルギー変換の分類 ―― 32
おむつ発電 ―― 112

カ

回生ブレーキ ―― 138
カタツムリ発電 ―― 108
カルノーサイクル ―― 58
環境発電のエネルギー源 ―― 14,22,24
環境発電の課題 ―― 148
火山変動リモート観測装置（REGMOS） ―― 140
環境発電のパワー密度 ―― 24
逆磁歪効果 ―― 46
逆スピンホール効果 ―― 66
ギャロッピング振動 ―― 48
系統発電と環境発電 ―― 10,12,22
原子力電池 ―― 70,150
下水道氾濫検知 ―― 136
鉱石ラジオ ―― 96
光電効果 ―― 74,78
光化学反応 ―― 82

サ

色素増感太陽電池 ―― 82,84
持続可能な開発（SD） ―― 12,20
焦電発電 ―― 68
植物発電 ―― 106
磁歪効果 ―― 46
振動発電 ―― 48
スピンゼーベック効果 ―― 66
スピントロニクス ―― 66
スマートインフラ ―― 134
スマートウォッチ ―― 128
スマートごみ箱 ―― 134
スマートコンタクトレンズ ―― 98
スマートシャワー ―― 52
スマート照明 ―― 130
スマート水栓 ―― 52
スマートスイッチ ―― 130
スマートストリート ―― 132
スマートセンサ ―― 84
スマートブーツ ―― 50,132

今日からモノ知りシリーズ
トコトンやさしい
環境発電の本

NDC 543

2021年11月17日 初版1刷発行

発行者 井水 治博
発行所 日刊工業新聞社
東京都中央区日本橋小網町14-1
(郵便番号103-8548)
電話 書籍編集部 03(5644)7490
販売・管理部 03(5644)7410
FAX 03(5644)7400
振替口座 00190-2-186076
URL https://pub.nikkan.co.jp/
e-mail info@media.nikkan.co.jp
印刷・製本 新日本印刷(株)

●DESIGN STAFF
AD――――――― 志岐滋行
表紙イラスト――― 黒崎 玄
本文イラスト――― 小島サエキチ
ブック・デザイン ―― 岡崎善保・大山陽子
(志岐デザイン事務所)

●
落丁・乱丁本はお取り替えいたします。
2021 Printed in Japan
ISBN 978-4-526-08170-5 C3034

●定価はカバーに表示してあります

●著者略歴
山﨑 耕造(やまざき・こうぞう)

1949年 富山県生まれ。
1972年 東京大学工学部卒業。
1977年 東京大学大学院工学系研究科博士課程修了・工学博士。
名古屋大学プラズマ研究所助手・助教授、核融合科学研究所助教授・教授を経て、2005年4月より名古屋大学大学院工学研究科エネルギー理工学専攻教授。その間、1797年より約2年間、米国プリンストン大学プラズマ物理研究所客員研究員、1992年より3年間、(旧)文部省国際学術局学術調査官。
2013年3月 名古屋大学定年退職。

現在 名古屋大学名誉教授、
自然科学研究機構核融合科学研究所名誉教授、
総合研究大学院大学名誉教授。

●主な著書
「トコトンやさしいプラズマの本」、「トコトンやさしい太陽の本」、「トコトンやさしい太陽エネルギー発電の本」、「トコトンやさしいエネルギーの本 第2版」、「トコトンやさしい宇宙線と素粒子の本」、「トコトンやさしい電気の本 第2版」、「トコトンやさしい磁力の本」、「トコトンやさしい相対性理論の本」(以上、日刊工業新聞社)、「エネルギーと環境の科学」、「楽しみながら学ぶ物理入門」、「楽しみながら学ぶ電磁気学入門」(以上、共立出版)など。